T0236036

Wissenschaftliche Reihe Fahrzeugtechnik Universität Stuttgart

Reihe herausgegeben von
Michael Bargende, Stuttgart, Deutschland
Hans-Christian Reuss, Stuttgart, Deutschland
Jochen Wiedemann, Stuttgart, Deutschland

Das Institut für Verbrennungsmotoren und Kraftfahrwesen (IVK) an der Universität Stuttgart erforscht, entwickelt, appliziert und erprobt, in enger Zusammenarbeit mit der Industrie, Elemente bzw. Technologien aus dem Bereich moderner Fahrzeugkonzepte. Das Institut gliedert sich in die drei Bereiche Kraftfahrwesen, Fahrzeugantriebe und Kraftfahrzeug-Mechatronik. Aufgabe dieser Bereiche ist die Ausarbeitung des Themengebietes im Prüfstandsbetrieb, in Theorie und Simulation. Schwerpunkte des Kraftfahrwesens sind hierbei die Aerodynamik, Akustik (NVH), Fahrdynamik und Fahrermodellierung, Leichtbau, Sicherheit, Kraftübertragung sowie Energie und Thermomanagement – auch in Verbindung mit hybriden und batterieelektrischen Fahrzeugkonzepten. Der Bereich Fahrzeugantriebe widmet sich den Themen Brennverfahrensentwicklung einschließlich Regelungs- und Steuerungskonzeptionen bei zugleich minimierten Emissionen, komplexe Abgasnachbehandlung, Aufladesysteme und -strategien, Hybridsysteme und Betriebsstrategien sowie mechanisch-akustischen Fragestellungen. Themen der Kraftfahrzeug-Mechatronik sind die Antriebsstrangregelung/Hybride, Elektromobilität, Bordnetz und Energiemanagement, Funktions- und Softwareentwicklung sowie Test und Diagnose. Die Erfüllung dieser Aufgaben wird prüfstandsseitig neben vielem anderen unterstützt durch 19 Motorenprüfstände, zwei Rollenprüfstände, einen 1:1-Fahrsimulator, einen Antriebsstrangprüfstand, einen Thermowindkanal sowie einen 1:1-Aeroakustikwindkanal. Die wissenschaftliche Reihe „Fahrzeugtechnik Universität Stuttgart" präsentiert über die am Institut entstandenen Promotionen die hervorragenden Arbeitsergebnisse der Forschungstätigkeiten am IVK.

Reihe herausgegeben von

Prof. Dr.-Ing. Michael Bargende
Lehrstuhl Fahrzeugantriebe
Institut für Verbrennungsmotoren und
Kraftfahrwesen, Universität Stuttgart
Stuttgart, Deutschland

Prof. Dr.-Ing. Hans-Christian Reuss
Lehrstuhl Kraftfahrzeugmechatronik
Institut für Verbrennungsmotoren und
Kraftfahrwesen, Universität Stuttgart
Stuttgart, Deutschland

Prof. Dr.-Ing. Jochen Wiedemann
Lehrstuhl Kraftfahrwesen
Institut für Verbrennungsmotoren und
Kraftfahrwesen, Universität Stuttgart
Stuttgart, Deutschland

Weitere Bände in der Reihe http://www.springer.com/series/13535

Minh-Tri Nguyen

Subjektive Wahrnehmung und Bewertung fahrbahninduzierter Gier- und Wankbewegungen im virtuellen Fahrversuch

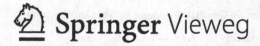

Minh-Tri Nguyen
IVK, Fakultät 7
Lehrstuhl für Kraftfahrwesen
Universität Stuttgart
Stuttgart, Deutschland

Zugl.: Dissertation Universität Stuttgart, 2020

D93

ISSN 2567-0042   ISSN 2567-0352   (electronic)
Wissenschaftliche Reihe Fahrzeugtechnik Universität Stuttgart
ISBN 978-3-658-30220-7   ISBN 978-3-658-30221-4   (eBook)
https://doi.org/10.1007/978-3-658-30221-4

Die Deutsche Nationalbibliothek verzeichnet diese Publikation in der Deutschen National-
bibliografie; detaillierte bibliografische Daten sind im Internet über http://dnb.d-nb.de abrufbar.

© Springer Fachmedien Wiesbaden GmbH, ein Teil von Springer Nature 2020
Das Werk einschließlich aller seiner Teile ist urheberrechtlich geschützt. Jede Verwertung, die
nicht ausdrücklich vom Urheberrechtsgesetz zugelassen ist, bedarf der vorherigen Zustimmung
des Verlags. Das gilt insbesondere für Vervielfältigungen, Bearbeitungen, Übersetzungen,
Mikroverfilmungen und die Einspeicherung und Verarbeitung in elektronischen Systemen.
Die Wiedergabe von allgemein beschreibenden Bezeichnungen, Marken, Unternehmensnamen
etc. in diesem Werk bedeutet nicht, dass diese frei durch jedermann benutzt werden dürfen. Die
Berechtigung zur Benutzung unterliegt, auch ohne gesonderten Hinweis hierzu, den Regeln des
Markenrechts. Die Rechte des jeweiligen Zeicheninhabers sind zu beachten.
Der Verlag, die Autoren und die Herausgeber gehen davon aus, dass die Angaben und Informationen in diesem Werk zum Zeitpunkt der Veröffentlichung vollständig und korrekt sind.
Weder der Verlag, noch die Autoren oder die Herausgeber übernehmen, ausdrücklich oder
implizit, Gewähr für den Inhalt des Werkes, etwaige Fehler oder Äußerungen. Der Verlag bleibt
im Hinblick auf geografische Zuordnungen und Gebietsbezeichnungen in veröffentlichten Karten
und Institutionsadressen neutral

Springer Vieweg ist ein Imprint der eingetragenen Gesellschaft Springer Fachmedien Wiesbaden
GmbH und ist ein Teil von Springer Nature.
Die Anschrift der Gesellschaft ist: Abraham-Lincoln-Str. 46, 65189 Wiesbaden, Germany

Danksagung

Mein Dank gilt Herrn Prof. Dr.-Ing. Jochen Wiedemann für die Möglichkeit zur Bearbeitung des Themas sowie für die Betreuung und Durchsicht der Arbeit. Herrn Prof. Dr.-Ing. Thomas Maier danke ich für die freundliche Übernahme des Mitberichts.

Auch möchte ich Herrn Dr.-Ing. Jens Neubeck meinen Dank aussprechen für die tolle Zeit am Lehrstuhl und die damit verbundenen Aufgaben, Verantwortungen und gesammelten Erfahrungen.

Besonders danken möchte ich Herrn Dr.-Ing. Werner Krantz, der mich während dieser Zeit stets unterstützt hat. In all diesen Jahren habe ich von seinen fachlichen Fähigkeiten profitieren können. Die lehrreiche und zugleich inspirierende Zusammenarbeit hat mich in vielerlei Hinsicht nachhaltig geprägt.

Ebenfalls möchte ich meinen Kolleginnen und Kollegen sowie Studentinnen und Studenten danken, die mich tatkräftig und vielfältig unterstützt haben. Ihr Einsatz bei der Vorbereitung sowie der Begleitung der Simulatorstudien und der Fahrversuche haben maßgeblich zum Gelingen beigetragen.

Mit Vergnügen werde ich mich an die Zeit mit all jenen erinnern, die mich auf diesem Weg begleitet haben. Für die unvergesslichen Momente bin ich von ganzem Herzen dankbar.

Ein ganz lieber Dank für den liebevollen Rückhalt gilt meiner Familie, der diese Arbeit gewidmet ist.

Minh-Tri Nguyen

Inhaltsverzeichnis

Abbildungsverzeichnis

Tabellenverzeichnis

Abkürzungsverzeichnis

ANOVA	Analysis of variance, englischer Begriff für eine Methode der Varianzanalyse
CG	Center of gravity, englischer Begriff für den Fahrzeugschwerpunkt
DGL	Differentialgleichung
ESTM	Enhanced single track model, englischer Begriff für das erweiterte Einspurmodell
FFT	Fast Fourier Transformation
FKFS	Forschungsinstitut für Kraftfahrwesen und Fahrzeugmotoren Stuttgart
Fzg	Kraftfahrzeug
GGW	Gleichgewicht im Zusammenhang mit dem Gleichgewichtsorgan bzw. Vestibularorgan
HA	Hinterachse
hl	hinten links
hr	hinten rechts
IMU	Inertial measurement unit, englischer Begriff für inertiale Messeinheit
IVK	Institut für Verbrennungsmotoren und Kraftfahrwesen
KNC	Kinematic and compliance, englischer Begriff für Kinematik und Elastokinematik
li	links
LTI	Linear time-invariant system, englischer Begriff für ein lineares zeitinvariantes System
MF	Reifenmodell nach H. B. Pacejka
MSE	Mittlere quadratische Abweichung, Mean Square Error, englischer Begriff für die mittlere quadratische Abweichung
PID	Regler bestehend aus einem Proportional-, Integral und Differentialanteil
PSD	Power Spectral Density, englischer Begriff für die spektrale Leistungsdichte
PT1	Übertragungsglied mit proportionalem Verhalten 1. Ordnung

re	rechts
RMS	Root mean square, englischer Begriff für den quadratischen Mittelwert
rot	rotatorisch
VA	Vorderachse
vl	vorne links
vr	vorne rechts
WI	Wankindex

Symbole

Symbol	Einheit	Beschreibung
a	m/s²	Translatorische Beschleunigung
a_x	m/s²	Längsbeschleunigung
a_y	m/s²	Querbeschleunigung
a_z	m/s²	Vertikalbeschleunigung
B_{st}	m	Straßenbreite
B_{xz}		Umrechnungsmatrix
c_r	Nms/rad	Rolldämpfung
c_{stabi}	N/m	Stabilisatorsteifigkeit
$C_{\alpha 0}$	N/rad	Achsschräglaufsteifigkeit
df_{inn}		Freiheitsgrad innerhalb d. Gruppen
df_{zw}		Freiheitsgrad zwischen d. Gruppen
F		F-Wert
F_n		Funktionswert der. kl. Fehlerquadrate
$F_{n,pareto\ max}$		Pareto-Maximum
$F_{n,pareto\ min}$		Pareto-Minimum
F_{Pedal}	N	Pedalkraft
F_{stabi}	N	Stabilisatorgesamtkraft
$F_{stabi\ konv}$	N	Konventionelle Stabilisatorkraft
F_{stabi}^*	N	Zusätzliche Stabilisatorkraft
F_x	N	Längskraft
$F_{x,ext}$	N	Virtuelle Längskraft
$F_{x,rad}$	N	Reifenlängskraft
$F_{x,soll}$	N	Längsraftvorgabe
F_y	N	Querkraft
$F_{y,ext}$	N	Virtuelle Querkraft
F_z	N	Vertikalkraft
$F_{z,ext}$	N	Virtuelle Vertikalkraft
$F_{z,rad}$	N	Reifenvertikalkraft
$G(s)$		Systemgleichung
h_1	m	Ausgleichskoeffizient d. Wankindex
h_k	m	Abstand d. Wankachse zum Kopf
h_s	m	Abstand d. Schwerpunkts zum Boden

$i_{Lenkrad}$		Lenkradübersetzung
I_{xx}	kgm²	Trägheitsmoment um die Längsachse
I_{zz}	kgm²	Trägheitsmoment um die Hochachse
k_r	Nm/rad	Rollsteifigkeit
k_{stabi}	1/m	Stabilisatorverhältnis
K_d		D-Anteil der PID-Regelung
K_g		Verstärkungsfaktor der PID-Regelung
K_i		I-Anteil der PID-Regelung
K_p		P-Anteil der PID-Regelung
l_h	m	Abstand d. Schwerpunkts zur VA
l_v	m	Abstand d. Schwerpunkts zur HA
L_{Fzg}		Fahrzeuggeräusch
L_{Umwelt}		Umweltgeräusch
L_{Wind}		Windgeräusch
m	kg	Fahrzeugmasse
$M_{Lenkrad}$	Nm	Lenkradmoment
M_{rad}	Nm	Radantriebsmoment
M_x	Nm	Wankmoment
$M_{x,ext}$	Nm	Virtuelles Wankmoment
$M_{x,ext}$ *	Nm	Variiertes virtuelles Wankmoment
$M_{x,soll}$	Nm	Wankmomentvorgabe
M_y	Nm	Nickmoment
$M_{y,ext}$	Nm	Virtuelles Nickmoment
M_z	Nm	Giermoment
$M_{z,ext}$	Nm	Virtuelles Giermoment
$M_{z,ext}$ *	Nm	Variiertes virtuelles Giermoment
$M_{z,soll}$	Nm	Giermomentvorgabe
n_{imp}		Anzahl d. Impulsvariante
N_F		Anzahl der Regelgrößen
N_{Fahrer}		Anzahl der Fahrer
N_{group}		Anzahl der Gruppen
N_{imp}		Gesamtanzahl der Impulse
OC_{amp}	rad/s²	Kriterium d. Amplitudenvariation
OC_{delay}	s/rad	Kriterium d. Phasenverschiebung
PtP		Peak-to-Peak Amplitude
Q		Matrix mit norm. Gewichtungsfaktoren

Symbol	Unit	Description
QS_{inn}		Quadratsumme innerhalb d. Gruppen
QS_{zw}		Quadratsumme zwischen d. Gruppen
r_{dyn}'	m	Abstand der Radnabe zur Fahrbahn
R_{rs}		Rollsteuerkoeffizient
R_{st}	m	Kurvenradius
$\overline{s}$	m	Gemittelte Fahrzeugspur
s_h	m	Vordere Spurweite
$skal$	%	Skalierungsfaktor
s_v	m	Hintere Spurweite
S	m	Strecke
SB		Subjektivbewertung
$\overline{SB}$		Gemittelte Subjektivbewertung
t	s	Dauer
v	m/s	Fahrgeschwindigkeit
var_{inn}		Varianz innerhalb d. Gruppen
var_{zw}		Varianz zwischen d. Gruppen
w		Gewichtungsfaktor
WI	°s	Wankindex
W_{xz}		Matrix m. Gewichtungsfaktoren
$y_{\dot{\omega}}$	rad/s²	Funktion d. Wahrnehmungsschwelle
$y_{\dot{\omega},0}$	rad/s²	Absolute Wahrnehmungsschwelle
z_{rad}	m	Vertikale Radeinfederung
z_{st}	m	Fahrbahnhöhe
z_{stabi}	m	Vertikale Einfederung d. Stabilisator
α	rad	Schräglaufwinkel
α_{Pedal}	rad	Pedalbetätigungsweg
β	rad	Schwimmwinkel
δ	rad	Radlenkwinkel
$\delta_{Lenkrad}$	rad	Lenkradwinkel
κ_{st}	1/m	Krümmung
μ_{max}		maximaler Kraftschlussbeiwert
η^2		Effektstärke nach Cohen
ϑ	rad	Nickwinkel
$\dot{\vartheta}$	rad/s	Nickwinkelgeschwindigkeit
$\ddot{\vartheta}$	rad/s²	Nickwinkelbeschleunigung
σ_{α}	m	Einlauflänge der Achse
φ	rad	Wankwinkel

$\dot{\varphi}$	rad/s	Wankwinkelgeschwindigkeit
$\ddot{\varphi}$	rad/s²	Wankwinkelbeschleunigung
φ_{st}	rad	Straßenwankwinkel
ψ	rad	Gierwinkel
$\dot{\psi}$	rad/s	Gierwinkelgeschwindigkeit
$\ddot{\psi}$	rad/s²	Gierwinkelbeschleunigung
ω	1/s	Allg. Kreisfrequenz
$\hat{\omega}$	rad/s²	Maximale Beschleunigungsamplitude

Zusammenfassung

Die Fahrwerkentwicklung wird im Zuge der Elektrifizierung komplexer. Die zunehmende Einbindung mechatronischer Fahrwerksysteme erhöht den Entwicklungsaufwand. Der Fahrsimulator stellt dabei ein entscheidendes Entwicklungswerkzeug dar, um in frühen Phasen des Entwicklungsprozesses Kenntnisse über System- und Fahrzeugverhalten zu gewinnen. Mit Hilfe der Subjektivbewertung im virtuellen Fahrversuch können einzelne Systeme getestet und auf Gesamtfahrzeugebene bewertet werden.

Die vorliegende Arbeit befasst sich mit der Untersuchung fahrbahninduzierter Gier- und Wankbewegungen. Mit dem Subjektivurteil des Fahrers als Bewertungsmaßstab wurden hierzu virtuelle Fahrversuche im Stuttgarter Fahrsimulator durchgeführt. Mit seinem Bewegungssystem stellt der Stuttgarter Fahrsimulator ein geeignetes Entwicklungswerkzeug dar, um die erforderlichen Beschleunigungen im Rahmen der Untersuchungen gemäß der Realität darzustellen.

Um die Voraussetzung für die Untersuchungen zu schaffen, wurde eine realistische Fahrsimulation entwickelt auf deren Basis subjektive Bewertungen durchgeführt werden konnten. Für die Abbildung einer exakten Fahrzeugdynamik wurde ein validiertes CarMaker-Modell verwendet. Zusätzlich wurden Konzepte einer Torque-Vectoring Regelung und einer aktiven Wankstabilisierung entworfen und in das bestehende Fahrzeugmodell eingebunden.

Das Torque-Vectoring Konzept wird für die Regelung der Fahrzeuggierbewegung verwendet und berücksichtigt dabei die optimale Verteilung der Antriebsmomente an den Rädern. Die Verteilung der Antriebsmomente erfolgt durch die Vorgabe eines angestrebten Gierverhaltens.

Neben den herkömmlich verbauten Stabilisatoren zur Abstützung der Wankbewegung wird ein Konzept der aktiven Wankstabilisierung entwickelt. In Abhängigkeit eines vorgegebenen Wankverhaltens werden zusätzliche Kräfte in den Stabilisatoren generiert, die der natürlichen Wankaufbaubewegung entgegenwirken.

Die fahrbahninduzierte Aufbaubewegung wurde durch zwei Möglichkeiten realisiert. Eine Möglichkeit beruht auf der Modellierung der Fahrbahnoberfläche, die beim Befahren zur gewünschten Aufbaubewegung führt. Hierbei wurde auf Basis realer Straßenmessungen mit dem Versuchsfahrzeug ein stochastisches Fahrbahnoberflächenmodell erzeugt. Unter Berücksichtigung der spektralen Leistungsdichte des gemessenen Fahrbahnwankwinkels und der Fahrbahnhöhe stellt die synthetisierte Fahrbahnoberfläche ein Modell der realen Fahrbahnoberfläche dar und sorgt für einen realistischen Gesamteindruck der Aufbaubewegung.

Eine weitere Möglichkeit der Aufbauanregung erlaubt die direkte Eingabe von virtuellen Kräften und Momenten im Schwerpunkt des Fahrzeugmodells. Zu diesem Zweck wurden Messfahrten auf der Autobahn durchgeführt und die Aufbaubeschleunigungen bei signifikanten Fahrbahnunebenheiten gemessen. Die gemessenen Beschleunigungen dienten der Berechnung der virtuellen Kräfte und Momente und erzeugten im Fahrsimulator eine mit der Realität vergleichbare Aufbaubewegung.

Die Untersuchung der gekoppelten Gier- und Wankbewegung gliederte sich in drei Abschnitte. Im ersten Schritt wurde auf Basis der entwickelten Modelle die menschliche Wahrnehmung der Gier- und Wankbeschleunigung im Fahrsimulator analysiert. Die Auswertungen der Wahrnehmungsschwellen zeigen einen linearen Zusammenhang der wahrnehmbaren Gier- bzw. Wankbeschleunigung in Abhängigkeit der Intensität einer natürlichen Grundanregung der Fahrbahn. Wankbeschleunigungen können bei geringen Intensitäten der Fahrbahngrundanregung besser wahrgenommen werden. Bei steigender Intensität werden zunehmend Gierbeschleunigungen besser wahrgenommen.

Im zweiten Schritt der Untersuchung wurde im Fahrsimulator der Einfluss der gekoppelten Gier- und Wankbewegung auf das Subjektivempfinden des Fahrers bewertet. Durch die Variation der virtuellen Anregung konnte das Verhältnis der Beschleunigungsamplituden variiert werden. Es stellte sich heraus, dass der Fahrer Reaktionen mit höheren Wankbeschleunigungen denen höherer Gierbeschleunigungen subjektiv bevorzugt. Die Variation der Phasenverschiebung zwischen der Gier- und Wankanregung führte hingegen zu Interferenzeffekten, die eine Auslöschung bzw. Verstärkung der Beschleunigungsamplituden zur Folge hatten. Eine eindeutige Subjektivbewertung der Phasenverschiebung konnte daher nicht nachgewiesen werden.

Durch die Anwendung der aktiven Fahrdynamikregelsysteme konnte im dritten Schritt der Untersuchung eine Optimierung der gekoppelten Gier- und Wankbewegung durchgeführt werden. Der virtuelle Fahrversuch wurde dabei mit vier Reglerkonfigurationen durchgeführt. Dabei zeigte sich, dass eine Minimierung der Gierreaktion vom Fahrer eher bevorzugt wird. Eine zusätzliche Minimierung der Wankreaktion durch die Kombination beider Systeme ermöglicht eine Aufbaubewegung, die vom Fahrer am besten bewertet wird.

Abstract

Since the introduction of computers to the vehicle, the chassis development becomes difficult. The increasing integration of mechatronic parts into the chassis requires a high level of development effort. The driving simulator acts here as a crucial development tool to acquire knowledge of the system and vehicle behavior in the early stages of the development process. With the help of subjective evaluation in the virtual test drive, effects of a single system can be tested and evaluated in the overall vehicle model.

This study deals with the analysis of road-induced yaw and roll motion. For this purpose, virtual test drives are carried out in the Stuttgart Driving Simulator and evaluated with the driver's subjective judgement. The Stuttgart Driving Simulator and its motion system is an excellent development tool for this investigation to provide necessary accelerations close to reality.

To lay the foundations for the investigations, a simulation environment with a realistic driving experience was created. Based on the simulation environment, subjective evaluations could be carried out. For the exact reproduction of the vehicle dynamics in the driving simulator, a validated CarMaker vehicle model was used. Additionally, concepts of a torque vectoring controller and an active roll stabilization were designed and implemented into the consisting vehicle model's architecture.

The concept of torque vectoring is used to control the vehicle's yaw motion with regard to an optimal allocation of drive torque at each wheel. The allocation of drive torque bases on a target yaw behavior.

Besides the conventional installed stabilizers, a concept of an active roll stabilization is designed to achieve a high level of anti-roll support. Due to target roll behavior, the stabilizers generate additional forces to counteract the natural roll motion of the vehicle's body.

The road-induced vehicle body motion in the simulator was implemented in two ways. One way provides the modeling of the road surface, which generates the desired vehicle response. For this, a stochastic model of the road surface, which based on the conducted real road measurements with the test vehicle, was developed. The road surface model is defined by the power spectral density of the measured road cant angle and the height of the road and represents a synthesized copy, which provides the driver a realistic impression of the vehicle body motion.

The other way to generate the vehicle body motion allows the direct input of virtual forces and torques to the model's center of gravity. For the calculation of the virtual inputs, accelerations of the vehicle body were measured while driving on significant road unevenness. The measured accelerations were used for calculation of the virtual forces and torques and generated vehicle response, which were comparable with the reality.

The analysis of the coupled yaw-roll excitation was divided into three parts. In the first part the human perception of yaw and roll acceleration was analyzed in the simulator. Based on the presented driving simulation environment, the results of the perception thresholds show a linear behavior of the perceived yaw or roll accelerations due to the intensity of naturally occurring vertical road excitations. At small intensity of the road excitations, the driver perceives roll acceleration easier than yaw acceleration. By increasing the intensity of road excitations, the driver perceives yaw acceleration easier.

In the second part of the analysis, the driver evaluated the influence of the coupled yaw-roll excitation. The variation of the excitation enabled the generation of a specific ratio between the acceleration amplitudes. It turned out that the driver rather prefers vehicle response with a larger percentage of roll acceleration instead of yaw acceleration. By varying the phase shift between those excitations, effects of constructive or destructive interference occurred. These effects led to greater or smaller acceleration amplitudes. Therefore, a clear subjective evaluation of the phase-shifted excitations could not be verified.

With the implementation of the driving dynamics control systems in the third part of the analysis, an optimization of the coupled yaw-roll excitation was accomplished. Within the virtual test drive, four different control strategies were implemented. The results show that the driver prefers the minimization of yaw motion. An additional minimization of the roll motion by using both control systems leads to the most preferred vehicle body motion.

1 Einleitung

Die Fahrdynamik und der Fahrkomfort moderner Kraftfahrzeuge tragen einen bedeutenden Anteil zum Fahrerlebnis des Fahrers bei. Die Auslegung der Fahrdynamik und des Fahrkomforts erfolgt über die Zielsetzung bestimmter Fahreigenschaften. Um die Fahreigenschaften während eines Entwicklungsprozesses zu erfüllen und die geforderten Ziele zu erreichen, werden Simulationen, Prüfstandversuche sowie Fahrversuche mit Prototypen durchgeführt. Betrachtet man die vergangenen Jahre der Fahrzeugentwicklung, so lässt sich eine Zunahme der Anforderungen an die Fahrwerkauslegung feststellen. Im Zuge der Elektrifizierung werden vermehrt mechatronische Systeme im Fahrwerk eingesetzt, die neue Funktionen mit sich bringen. Solche Funktionen können den gewünschten Fahrspaß erzielen und bieten zugleich ein höheres Maß an Fahrkomfort und Fahrsicherheit.

Der Einsatz der neuen Fahrwerksysteme geht mit einem erhöhten Entwicklungsaufwand einher. Sowohl die Auslegung des Systems selbst als auch die Abstimmung mit anderen Systemen stellen eine Herausforderung dar. Zwar werden solche Systeme bereits in einer frühen Entwicklungsphase ausgelegt, dennoch erfolgt anschließend ein umfangreicher Applikationsprozess mit dem physischen Prototyp, mit dem erste Subjektiveindrücke gesammelt und bewertet werden können.

Um diese Herausforderung zu bewältigen, kommen fortlaufend neue Entwicklungswerkzeuge zum Einsatz. Neben den herkömmlichen Werkzeugen des Fahrversuchs und der Simulation bietet der Fahrsimulator die Möglichkeit, bereits in einer frühen Phase der Entwicklung erste Fahreindrücke zu gewinnen und diese in die Entwicklung mit einfließen zu lassen. Um aussagekräftige Subjektivbewertungen im Fahrsimulator durchzuführen, ist eine erfolgreiche Immersion, also das Eintauchen des Fahrers in die virtuelle Umgebung notwendig. Dafür müssen Fahreindrücke im Simulator mit denen der Realität bestmöglich übereinstimmen. Die menschliche Wahrnehmung der Fahrzeugbewegung spielt hierbei eine wichtige Rolle. Werden die Bewegungsgrößen im Fahrsimulator korrekt wahrgenommen, kann ein realistisches Fahrgefühl erzeugt werden.

© Springer Fachmedien Wiesbaden GmbH, ein Teil von Springer Nature 2020
M.-T. Nguyen, *Subjektive Wahrnehmung und Bewertung fahrbahninduzierter Gier- und Wankbewegungen im virtuellen Fahrversuch*, Wissenschaftliche Reihe Fahrzeugtechnik Universität Stuttgart, https://doi.org/10.1007/978-3-658-30221-4_1

Im Rahmen dieser Arbeit wird eine Möglichkeit gezeigt, wie der Fahrsimulator in den Fahrwerkentwicklungsprozess eingebunden werden kann. Für die Umsetzung der Versuche im Fahrsimulator gilt es, eine realistische Abbildung der Fahrzeugdynamik zu erzielen, die es erlaubt, Subjektivbewertung im virtuellen Fahrversuch durchzuführen.

Es sollen weiterführende Versuche der menschlichen Wahrnehmung im Fahrsimulator realisiert werden. Wahrnehmungsschwellen drücken dabei aus, ob eine Fahrzeugbewegung vom Fahrer wahrgenommen werden kann. Im Unterschied zu bisherigen Grundlagenforschungen der menschlichen Wahrnehmung soll hier der Bezug zum Fahren im Vordergrund stehen. Gewonnene Kenntnisse werden genutzt, um das Verständnis der subjektiven Wahrnehmung im Fahrsimulator zu verbessern. Um dieses Ziel zu erreichen, soll ein virtuelles Fahrszenario erzeugt werden, das die Realität des Fahrens bestmöglich abbildet.

Darauf aufbauend wird mit Hilfe des Fahrsimulators eine Herangehensweise zur Verbesserung des Fahrkomforts erarbeitet. Konkret handelt es sich hierbei um die gekoppelte Gier- und Wankbewegung des Fahrzeugs, die bei höheren Geschwindigkeiten durch Straßenunebenheiten hervorgerufen werden kann. Mit dem Fahrsimulator sollen Untersuchungen durchgeführt werden, inwiefern das Subjektivempfinden des Fahrers durch diese fahrbahninduzierten Gier- und Wankbewegungen beeinflusst wird. Im nächsten Schritt sollen unter Berücksichtigung heutiger Fahrdynamikregelsysteme die gewonnenen Kenntnisse exemplarisch umgesetzt werden, um eine Optimierung der Fahrzeugbewegung zu erzielen.

Als Grundlage für die virtuellen Fahrversuche zur Untersuchung der fahrbahninduzierten Gier- und Wankbewegung dient der Stuttgarter Fahrsimulator der Universität Stuttgart in Abbildung 1.1. Der Stuttgarter Fahrsimulator ermöglicht interaktive Fahrten mit einem realistischen Fahrgefühl. Die Fahrzeugbewegung wird durch ein leistungsfähiges Bewegungssystem in Abbildung 1.2 wiedergegeben, wodurch in vielen Fahrsituationen eine direkte Reproduktion der realen Fahrzeugbewegung möglich ist.

Abbildung 1.1: Stuttgarter Fahrsimulator

Abbildung 1.2: Bewegungssystem des Simulators

2 Stand der Technik

Um einen realistischen „Fahrversuch" im Fahrsimulator durchzuführen, muss gewährleistet sein, dass der Fahrer während der Simulation die notwendigen Fahrinformationen über seine Sinneskanäle erfassen kann. Entsprechen die wahrgenommenen Informationen im Fahrsimulator denen einer realen Fahrt, kann ein realistisches Fahrgefühl entstehen. Die menschliche Wahrnehmung spielt dabei eine maßgebende Rolle und entscheidet über die Aussagefähigkeit der Subjektivbewertung im virtuellen Fahrversuch.

Das folgende Kapitel befasst sich mit bisherigen Forschungsarbeiten der menschlichen Wahrnehmung. Anhand der bisher durchgeführten Versuchsmethoden wird in diesem Kapitel beurteilt, ob die Ergebnisse einen Bezug zum Führen eines Kraftfahrzeugs aufweisen und sich dementsprechend für die Anwendung virtueller Fahrversuche im Fahrsimulator eignen.

Darauf aufbauend werden aktuelle Forschungsarbeiten der Fahrwerkentwicklung vorgestellt, in denen virtuelle Fahrversuche in einem Fahrsimulator durchgeführt werden. Dabei wird festgestellt, inwieweit der Simulator als Entwicklungswerkzeug für die subjektive Bewertung von Fahreigenschaften dient.

2.1 Menschliche Wahrnehmung im Fahrsimulator

Der Begriff der menschlichen Wahrnehmung umfasst das Erfassen von Reizen über verschiedene Sinneskanäle sowie die Verarbeitung und Interpretation der erfassten Informationen. Für die Durchführung von Subjektivbewertungen im Fahrsimulator erscheint es daher zweckmäßig, zunächst die menschliche Wahrnehmung im Fahrsimulator zu untersuchen. Hierfür werden wichtige Sinnesorgane und deren Funktion erläutert, die für eine Einschätzung der Fahrzeugbewegung notwendig sind. Die Tabelle 2.1 beinhaltet eine Zuordnung zwischen den Fahrinformationen und den dazugehörigen Sinneskanälen. Für die fahrdynamikrelevanten Bewegungsgrößen sind vor allem die Wahrnehmung der Absolut- und Relativbewegung des Fahrzeugs wichtig, da über diese der Fahrzustand des Fahrzeugs beurteilt werden kann. Dafür sind zum

© Springer Fachmedien Wiesbaden GmbH, ein Teil von Springer Nature 2020
M.-T. Nguyen, *Subjektive Wahrnehmung und Bewertung fahrbahninduzierter Gier- und Wankbewegungen im virtuellen Fahrversuch*, Wissenschaftliche Reihe Fahrzeugtechnik Universität Stuttgart, https://doi.org/10.1007/978-3-658-30221-4_2

Bespiel primär visuelle Rezeptoren in den Augen und vestibuläre Rezeptoren in den Gleichgewichtsorganen notwendig. Für einige Bewegungsgrößen werden taktile sowie propriozeptive und interozeptive Rezeptoren für die Wahrnehmung hinzugezogen. Die taktilen Rezeptoren befinden sich in der Haut und sind unter anderem für das Druck- und Temperaturempfinden zuständig. Die propriozeptive Wahrnehmung nimmt Informationen aus den Muskeln, Gelenken und Sehnen auf, um die Stellung und Bewegung des Körpers im Raum zu registrieren. Bei der interozeptiven Wahrnehmung erfolgt die Informationsaufnahme über die inneren Organe.

Tabelle 2.1:   Zuordnung der Fahrinformationen und Sinneskanäle des Menschen beim Fahren [1] [2] [3] [4] [5]

Sinnes-kanal	Visuell	Vesti-bulär	Akus-tisch	Taktil	Proprio-zeptiv	Intero-zeptiv
Organ	Augen	GGW-Organ	Gehör	Haut	Extremi-täten	Innere Organe
Absolut-bewegung	$v, \beta, \kappa,$ $\dot\psi, \dot\vartheta, \dot\varphi$	$a,$ $\dot\psi, \dot\vartheta, \dot\varphi,$ $\ddot\psi, \ddot\vartheta, \ddot\varphi,$		$a,$ $\ddot\psi, \ddot\vartheta, \ddot\varphi,$	$a,$ $\ddot\psi, \ddot\vartheta, \ddot\varphi,$	$a,$ $\ddot\psi, \ddot\vartheta, \ddot\varphi,$
Relativ-bewegung	$S, v,$ ψ, ϑ, φ		L_{Wind}			
Straße und Umwelt	$B_{st}, \kappa_{st},$ R_{st}		L_{Umwelt}			
Fahrzeug-bedien-größen	$\delta_{Lenkrad}$		L_{Fzg}	$M_{Lenkrad},$ F_{Pedal}	$M_{Lenkrad},$ $\delta_{Lenkrad},$ $F_{Pedal},$ α_{Pedal}	

Das Erfassen von Reizen sowie die Verarbeitung dieser werden in der Literatur oftmals durch die Begriffe Empfindung und Wahrnehmung definiert. Nach Schimmel [1] beinhaltet die Empfindung die metrologische Erfassung des Signals durch die verschiedenen Rezeptoren. Die Wahrnehmung hingegen beschreibt die Signalverarbeitung und Interpretation der empfundenen Signale.

Sie beinhaltet auch psychologische und erfahrungsbasierte Aspekte, die von Fahrer zu Fahrer individuell ausfallen. Im Verlauf der Arbeit besteht keine weitere Notwendigkeit der Differenzierung zwischen den Begriffen Empfindung und Wahrnehmung, sodass für ein besseres Verständnis der Begriff der menschlichen Wahrnehmung den Prozess der Signalerfassung und der Verarbeitung umfasst.

Der größte Anteil der bewusst wahrgenommenen Informationen gelangt über das Auge an das zentrale Nervensystem. Das Auge ist relevant für die räumliche Orientierung. Durch die Verwendung beider Augeninformationen, dem sogenannten binokularen Sehen, kann eine Tiefenwahrnehmung von Objekten erfolgen. Begrenzt durch den Abstand zwischen beiden Augen nimmt die Fähigkeit der Tiefenwahrnehmung ab einer Objektentfernung von etwa sechs Metern ab. Um weiterhin perspektivische Informationen zu generieren, nutzt der Mensch die Beweglichkeit des Kopfes, durch die weitere Informationen aus unterschiedlichen Blickwinkeln erzeugt werden.

Die höchstpräzise Arbeitsweise des menschlichen Sehens benötigt jedoch Zeit. Bei der Umwandlung eines auftretenden Reizes im Auge kommt es zu einer zeitlichen Verzögerung. Diese Verzögerung hängt vom Sichtfeld des Fahrers ab. Wentink [2] unterscheidet zwischen dem sich näher befindenden zentralen Sichtfeld und dem peripheren Sichtfeld. In Abhängigkeit der Fahrsituation nutzt der Fahrer bei kurvigen Straßenverläufen oder weiteren Verkehrsteilnehmern das zentrale Sichtfeld. Das periphere Sichtfeld wird dagegen bei geraden Straßenverläufen mit geringer Verkehrsdichte verwendet. Dabei reduziert sich die Latenz der Geschwindigkeitseinschätzung gegenüber der des zentralen Sichtfelds.

Die richtige Geschwindigkeitseinschätzung ist für die Fahrzeugführung von großer Bedeutung. Daher gilt es, ein realistisches Bild der Straße aus dem Sichtfeld des Fahrers darzustellen. In Abbildung 2.1 werden graphische Objekte, wie etwa Bäume, Verkehrsschilder, Leitplanken und Linien im zentralen und peripheren Sichtfeld platziert. Diese helfen dem Fahrer im Simulator, die Geschwindigkeit realistisch einzuschätzen. Aber auch Krümmungsverlauf und Breite der Straße sind wichtige Informationen, die für eine Querregelung des Fahrzeugs genutzt werden und notwendig sind [2].

Abbildung 2.1: Sichtfeld bei Geradeausfahrt auf einer zweispurigen Autobahn im Fahrsimulator [6]

Der Vestibularapparat, ein Organ im Innenohr, erfasst alle translatorischen sowie rotatorischen Beschleunigungen. Für das Erfassen der translatorischen Beschleunigungen besitzt der Vestibularapparat zwei Makulaorgane, bestehend aus Macula Utriculi und Macula Sacculi. Sie sind orthogonal zueinander ausgerichtet und erfassen jeweils Beschleunigungen auf vertikaler und horizontaler Ebene. Hierfür sind sogenannte Otolithenneuronen verantwortlich. Sie reagieren auf translatorische Beschleunigungsreize mit regelmäßig aufeinanderfolgenden Aktionspotentialen. Anhand der Entladungsrate der Aktionspotentiale kann auf die translatorische Beschleunigung geschlossen werden. Ca. 70 % der Otolithenneuronen sind regulär, d.h. sie besitzen ein Antwortverhalten mit nahezu proportionaler Entladungsrate in Abhängigkeit eines translatorischen Beschleunigungsreizes. Ein geringerer Anteil von etwa 24,5 % bilden die irregulären Otolithenneuronen. Ihr Antwortverhalten zeigt unter konstanter Beschleunigung eine abnehmende Entladungsrate auf. Sie sind verantwortlich für das Adaptionsverhalten bei anhaltenden Beschleunigungen. Ein bekanntes Beispiel stellt die Adaption der Erdbeschleunigung dar [7] [8]. Bei hohen Anregungsfrequenzen weisen die Otolithenneuronen eine überproportionale Entladungsrate auf. Dieses Verhalten gleicht einem Hochpassfilter und erklärt die Sensibilität des Organs bei Beschleunigungsimpulsen und Rucken. Fernandez und Goldberg [7] gehen von einem Antwortverhalten des Makulaorgans im Frequenzbereich zwischen 0,006 und 2 Hertz aus und bezeichnen diesen Bereich als physiologisch relevant.

Rotatorische Bewegungen werden über die drei Bogengänge des Vestibular-apparates erfasst. Sie sind jeweils für das Erfassen der Rotationsbewegung um eine Achse verantwortlich. Im Bogengang befindet sich die Endolymphe, eine Flüssigkeit, die bei Rotationsbeschleunigung eine Bewegung im Bogengang-kanal ausführt. Durch die Bewegung und Lage der Flüssigkeit können Rück-schlüsse auf die wirkenden Beschleunigungen gezogen werden. Ab einer An-regungsfrequenz von etwa 0,1 Hertz werden Anregungsamplituden, bedingt durch die Trägheit der Endolymphe stark gedämpft. Nach Fischer [9] und van der Steen [10] ähnelt das Verhalten der Bogengänge dabei dem Übertragungs-verhalten eines PT1-Glieds und wirkt wie ein Tiefpassfilter auf Rotationsbe-schleunigungen. Das Organ arbeitet demnach wie ein Integrator und erfasst ab 0,1 Hertz Rotationsgeschwindigkeiten. Eine scharfe Trennung zwischen rota-torischen Beschleunigungen und Geschwindigkeiten ist nach Wolf [3] nicht möglich.

Für einen realistischen Fahreindruck hinsichtlich der vestibulären Wahrneh-mung sollen translatorische sowie rotatorische Beschleunigungen in ihren re-levanten Frequenzbereichen so präzise wie möglich im Simulator dargestellt werden.

Häufig werden Reize durch mehrere Sinnesorgane erfasst und verarbeitet. Die Wahrnehmung der translatorischen Geschwindigkeit erfolgt beispielsweise primär über den visuellen Kanal. Der Prozess unterliegt einer gewissen Latenz, kann aber durch die Information des Makulaorgans vorangetrieben werden. Hierfür wird die erfasste Beschleunigung des Makulaorgans innerhalb eines niederfrequenten Bereichs teilweise integriert und unterstützt damit die trans-latorische Wahrnehmung der Geschwindigkeit. Die Geschwindigkeitswahr-nehmung wird nach Wentink [2] durch das periphere und zentrale Sichtfeld beeinflusst. Umso mehr Objekte sichtbar sind und dem optischen Fluss folgen, desto schneller kann die Geschwindigkeit eingeschätzt werden.

Sind die erfassten Signale mehrerer Sinnesorgane inkonsistent, kann ein Sen-sorkonflikt entstehen. Er kann zur Fehlinterpretation im Prozess der Wahrneh-mung führen. Ein bekanntes Beispiel in [2] ist der abfahrende benachbarte Zug, der aus dem Fenster des stehenden Zuges betrachtet wird. Obwohl das vestibuläre System keine Bewegungen erfasst, kann ein Gefühl der Bewegung entstehen. Je nach Ausprägung können nach Kennedy und Fowlkes [11]

Sensorkonflikte während einer Simulatorfahrt die sogenannte Simulatorkrankheit hervorrufen. Im Fahrsimulator werden die Signale durch verschiedene Systeme simuliert. Hierbei können Sensorkonflikte auftreten, wenn vestibuläre Signale, die durch das Bewegungssystem des Simulators bereitgestellt werden, nicht mit den visuellen Signalen des Grafiksystems übereinstimmen und entgegen der Realität voneinander abweichen. Diese Abweichungen können zum einen durch verringerte Beschleunigungsdarstellungen eines limitierten Bewegungssystems verursacht werden. Zum anderen kann eine unzureichende Zeitsynchronisation zwischen den vestibulären und visuellen Signalen zu Sensorkonflikten und damit zur Simulatorkrankheit führen.

Die Simulatorkrankheit ist nach [11] polysymptomatisch. Zu den häufigsten Symptomen zählen nach Hoffmann [12] Unwohlsein, Kopfschmerz, Schwindel, Schweißausbruch, Blutdruckschwankung, Ermüdung und verschwommenes Sehen. Die Symptome können dabei wenige Minuten bis mehrere Stunden nach der Simulatorfahrt andauern. Das Auftreten der Simulatorkrankheit beeinträchtigt den menschlichen Körper und somit auch das Fahrverhalten des Fahrers. Ein erkrankter Fahrer weicht von seinem Gewohnheitsmuster ab und zeigt in gewissen Fahrmanövern ein Vermeidungsverhalten [13]. Er verändert sein Fahrverhalten insofern, dass er Lenkbewegungen, die seine Symptomatik verstärken, vermeidet. Dadurch verringert sich die Validität der Subjektivbewertungen. Um ein realistisches Fahrgefühl im Fahrsimulator zu erzeugen, gilt es demnach Bewegungen und visuelle Informationen konsistent im Fahrsimulator bereitzustellen und Sensorkonflikte zu vermeiden.

Neben den Sensorkonflikten hängt das Risiko einer Erkrankung auch von individuellen Faktoren ab. Für den Verlauf der Subjektivbewertung im Fahrsimulator ist es ratsam, Rücksprache mit den Probanden zu halten, um über ein Auftreten der Simulatorkrankheit informiert zu sein. In [12] lassen sich Verfahren recherchieren, die das Risiko der Simulatorkrankheit besonders bei ungeübten Simulatorfahrern verringern. So werden Eingewöhnungsfahrten in mehreren Phasen empfohlen, um das Risiko der Simulatorkrankheit zu minimieren.

Die Wahrnehmung von Reizen lässt sich durch Wahrnehmungsschwellen quantifizieren. Wahrnehmungsschwellen geben an, ab welcher Intensität ein Reiz spürbar ist. Die unten dargestellte Tabelle 2.2 beinhaltet einen Überblick verschiedener Wahrnehmungsschwellen für translatorische und rotatorische Beschleunigungen.

Umso höher die Wahrnehmungsschwelle ausfällt, desto stärker muss ein Reiz sein, um wahrgenommen werden zu können. Sowohl Hosman und van der Vaart [14] als auch Heißing [15] geben für die einzelnen Bewegungsrichtungen keine konkreten Zahlenwerte, sondern vielmehr Bereiche der Wahrnehmungsschwellen an.

Tabelle 2.2: Übersicht verschiedener Wahrnehmungsschwellen für translatorische und rotatorische Beschleunigungen

	Hosman und v. d. Vaart 1978 [14]	Reid und Nahon 1985 [16]	Reymond und Kemeny 2000 [17]	Heißing 2000 [15]
a_x in m/s²	0,04...0,085	0,17	0,05	0,02...0,8
a_y in m/s²	0,04...0,085	0,17	0,05	0,05...0,1
a_z in m/s²	0,04...0,085	0,28	0,05	0,02...0,05
$\ddot{\varphi}$ in °/s²	0,03...0,065	-	0,3	0,1...0,2
$\ddot{\vartheta}$ in °/s²	0,03...0,065	-	0,3	0,1...0,2
$\ddot{\psi}$ in °/s²	0,03...0,065	-	0,3	0,05...5

Es lassen sich Unterschiede zwischen den Literaturquellen erkennen. Die Versuche von Hosman und van der Vaart zur Ermittlung der Schwellen sind bei völliger Dunkelheit durchgeführt worden und lassen daher die Wirkung des visuellen Sinneskanals unberücksichtigt. Ihre rotatorischen Wahrnehmungsschwellen sind deutlich niedriger als die Schwellen anderer Literaturquellen. Grund dafür kann der Einfluss des visuellen Sinneskanals sein. Das Auge tendiert dazu, sehr geringe Drehgeschwindigkeiten als Linearbewegung wahrzunehmen. Der Einfluss des zusätzlichen visuellen Kanals lässt damit die Wahrnehmungsschwellen ansteigen [9]. Die oben genannten Versuche basieren zum größten Teil auf sinusförmigen Beschleunigungsanregungen. Die Versuchsaufbauten variieren hierbei von Drehstühlen bis hin zu Flugsimulatoren.

Muragishi [18] entwickelt eine Methode, mit der er die visuelle und vestibuläre Wahrnehmung untersucht. Hierfür nutzt er einen Fahrsimulator mit Hexapod, der alle sechs Bewegungsrichtungen des Fahrzeugs darstellen kann. Die grafische Darstellung erfolgt über eine ortsfeste Leinwand im Sichtfeld des Fahrers. Durch Sinusanregungen des Bewegungssystems oder des Grafiksystems können die visuellen und vestibulären Wahrnehmungen der Probanden separat untersucht werden. Er stellt fest, dass rotatorische Geschwindigkeiten eher visuell wahrgenommen werden. Die Wankbewegung[1] des Fahrzeugs wird von beiden Kanälen gleichermaßen erfasst. Translatorische Beschleunigungen hingegen werden primär vestibulär wahrgenommen. Der Versuchsaufbau basiert auf einer realistischen closed-loop Fahrzeugsimulation und zeigt damit einen deutlichen Bezug zum Fahren. Die Anregungen sind jedoch rein sinusförmig mit linear ansteigender Amplitude. Die Anregungsfrequenz wird variiert.

In Realität bestehen Fahrzeuganregungen aus mehreren Frequenzen mit bestimmten Frequenzspektren. Im Fall der Vertikalbewegung unterscheidet Knauer [19] zwischen zwei Arten der Anregung. Zum einen existieren stationäre, gleichbleibende Anregungen des Fahrzeugs, die durch eine natürliche Fahrbahnoberfläche hervorgerufen werden und in der Signaltheorie mit einem Grundrauschen vergleichbar sind. Zum anderen führen instationäre Ereignisse in Form von einzelnen Unebenheiten der Fahrbahnoberfläche wie zum Beispiel Schlaglöcher, Risse und Querrillen von Brückenfugen zu impulsartigen Anregungen. Subjektiv werden solche Ereignisse deutlicher wahrgenommen als gleichbleibende Schwingungsanregungen und können besser bewertet werden. Stationäre, gleichbleibende Anregungen sind aufgrund des menschlichen Adaptionsverhaltens erfahrungsgemäß schwierig zu bewerten. Für die Untersuchungen der Wahrnehmungsschwellen nutzt [19] einen Flachbahnkomfortprüfstand. Das Versuchsfahrzeug wird auf vier Flachbandeinheiten positioniert, die jeweils auf einem Hydraulikzylinder angeordnet sind und eine Bewegung in vertikaler Richtung ermöglichen. Die gleichbleibenden Schwingungsanregungen werden durch synthetisch generierte Straßenprofile dargestellt und über die Hydraulikzylinder eingeleitet. Um ein synthetisiertes

---

[1] Wanken, auch Rollen bezeichnet, beschreibt die rotatorische Bewegung um die Fahrzeuglängsachse.

Straßenprofil mit realistischem Spektrum zu erhalten, werden Welligkeit und Unebenheitsmaß nach [20] definiert. Das resultierende Grundrauschen wird nun durch impulsartige Anregungen überlagert. Während des Prüfstandversuchs sitzt der Proband im Versuchsfahrzeug. Über die Aktuatoren des Prüfstands wird das erzeugte Profil, bestehend aus maskierendem Grundrauschen und Impulsen, in den Fahrzeugaufbau eingeleitet. Die Aufgabe des Probanden besteht unter anderem darin, spürbare Impulse zu detektieren. Eine mehrfache Versuchsdurchführung bei verschiedenen Pegeln des Grundrauschens und Amplituden der Impulse ergibt eine Funktion der Wahrnehmungsschwelle in Abhängigkeit des stochastischen Grundrauschens der Straße. Für die Vertikalbeschleunigung stellt [19] einen linearen Zusammenhang zwischen der Intensität des Grundrauschens und der wahrgenommenen Impulse fest. Die Methode zeigt im Hinblick auf die vestibuläre Wahrnehmung einen klaren Bezug zur Realität. Sowohl die Krafteinleitung über den Reifenkontakt, als auch der Transferpfad über das Fahrwerk bis hin zur resultierenden Fahrzeugbewegung werden entsprechend dem Versuchsfahrzeug umgesetzt. Eine visuelle Informationsquelle wird in diesem Versuchsaufbau nicht verwendet. Der Einfluss des Auges auf die menschliche Wahrnehmung wird somit vernachlässigt. Zudem sitzt der Proband während des Versuchs im Fahrzeug, das sich auf dem Prüfstand befindet. Er übernimmt dabei keine Aufgaben der Fahrzeugführung und agiert als Insasse. Zwar kann mit dem Versuchsaufbau seine Impulswahrnehmung erfasst werden, jedoch befindet sich der Fahrer bei dieser Versuchsdurchführung außerhalb des Fahrzeugregelkreises.

Betrachtet man bisherige Arbeiten zum Thema der menschlichen Wahrnehmung und der Wahrnehmungsschwellen, lässt sich Folgendes feststellen:

- Quellen bisheriger Ergebnisse unterscheiden sich voneinander.
- Untersuchungen zu den Wahrnehmungsschwellen basieren auf unzeitgemäßen Versuchsdurchführungen ohne klaren Bezug zur Fahrzeugführung.
- Es existieren Versuche mit und ohne Grafiksystem. Die Information beider Sinneskanäle, also die des vestibulären und des visuellen Kanals, sind für eine realistische Wahrnehmung im Fahrzeug wichtig.

2.2   Fahreigenschaftsbewertung im virtuellen Fahrversuch

Bei der Fahrwerkentwicklung werden mehrere Phasen durchlaufen. Anfangs
werden Ziele definiert und erste Konzepte erstellt. Daraufhin folgen Simulationen und der Bau von Prototypen. Mit ihnen können Erprobungen durchgeführt und erste Kenntnisse gewonnen werden. Es folgt eine Optimierungs-
phase, die letztendlich zur Serienreife führt [21]. Simulationswerkzeuge erzeugen gewöhnlich objektive Daten. Sobald Prototypen- oder Technikträger-
fahrzeuge existieren, können neben objektiven Messdaten auch subjektive Bewertungen durchgeführt werden. Die Bewertung der Fahreigenschaften im
Rahmen der Fahrwerkentwicklung findet im herkömmlichen Entwicklungs-
prozess somit spät statt [22]. Mit der Anwendung eines Fahrsimulators und
dem virtuellen Fahrversuch kann nun eine frühe Subjektivbewertung der Fahr-
zeugmodelle durchgeführt werden. Abbildung 2.2 zeigt die Einordnung des
virtuellen Fahrversuchs mit dem Fahrsimulator im Fahrzeugentwicklungspro-
zess.

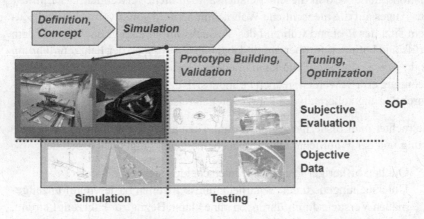

Abbildung 2.2: Subjektivbewertungen mit dem Fahrsimulator in frühen
Phasen des Entwicklungsprozesses [23]

Der große Vorteil virtueller Fahrversuche mit einem digitalen Prototyp besteht
darin, Änderung der Fahrwerks- und Modellparameter dem Fahrer unmittelbar
spürbar zu machen. Die direkte Bewertbarkeit auf Gesamtfahrzeugebene spart
Zeit und lässt neue Möglichkeiten der Fahreigenschaftsentwicklung zu.

Heiderich [24] stellt eine simulationsbasierte Optimierungs- und Beurteilungs-methode vor, in der frühzeitig Fahrwerkseinstellungen subjektiv bewertet werden können. Die Subjektivbewertung der Fahrzeugvarianten wird im Fahr-simulator durchgeführt. Es wird eine Vorauswahl gut bewerteter Modelle ge-troffen. Durch dieses Verfahren kann der Umfang der zeitintensiven Realver-suche verringert und die Kosten physischer Prototypen gesenkt werden.

In Fridrich [25] wird ein fahreigenschaftsbasiertes Torque-Vectoring Regel-konzept entwickelt und im Fahrsimulator getestet. Das Regelkonzept ermöglicht eine optimierte Verteilung der radindividuellen Antriebsmomente, um ein gewünschtes Fahrverhalten zu generieren. Das Wunschverhalten wird durch ein erweitertes Einspurmodell vorgegeben. In diesem Versuch wird die Agilität des Fahrzeugmodells variiert und eine gezielte Änderung des Eigen-lenkgradienten durchgeführt. Mit der Integration des Regelkonzepts in einen digitalen Prototyp kann der virtuelle Fahrversuch mit dem Simulator durchge-führt werden. Diese Vorgehensweise ermöglicht eine erste subjektive Ein-schätzung der Umsetzbarkeit verschiedener Reglerkonfigurationen. Gewon-nene Kenntnisse fließen in die weitere Funktionsentwicklung des Reglers ein.

Krantz [6] zeigt eine effiziente Möglichkeit der Eigenschaftsbewertung insta-tionärer Kraftfahrzeugaerodynamik. Da der klassische Weg durch reale Fahr-versuche unter Seitenwind aufwendig ist, wird die Untersuchung der instationären aerodynamischen Eigenschaften durch virtuelle Fahrversuche im Fahrsimulator durchgeführt. Durch die realistische Simulation der Fahrzeug-dynamik kann das Fahrerverhalten unter Seitenwind analysiert werden. Auf Basis zahlreicher Straßenmessungen stellt sich heraus, dass die Fahrer-Fahrzeug-Interaktion im Fahrsimulator mit dem Verhalten auf realer Straße vergleichbar ist.

Fahreigenschaftsbewertungen beruhen auf der Bewegung des Fahrzeugs. Ge-nerell wird die Änderung einer Fahrzeugbewegung durch eine Fahrzeug-reaktion hervorgerufen. Die Unterscheidung der Fahrzeugreaktionen erfolgt durch eine Betätigungseingabe des Fahrers oder aber durch eine Störung von außen in Form von Fahrbahnunebenheiten oder Windkräften [26]. Botev [22] und Stretz [27] fassen das Verhalten infolge einer äußeren Störung unter dem Begriff Ride zusammen. Das Fahrzeugverhalten nach einer Betätigungsein-gabe des Fahrers wird in [22] und [27] als Handling bezeichnet. Abbildung 2.3 zeigt die grundlegenden Fahrzeugbewegungen nach DIN ISO 8855 [26].

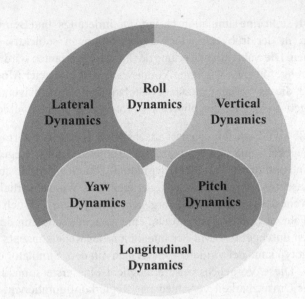

Abbildung 2.3: Grundlegende Fahrzeugbewegungen [28]

Die Fahreigenschaften zur Beurteilung eines Fahrwerks lassen sich in drei Kategorien Fahrdynamik, Fahrkomfort und Fahrsicherheit zuordnen. Während sich Eigenschaften der Fahrdynamik eher über Quer- und Gierbewegungen definieren lassen, beziehen sich Fahreigenschaften des Fahrkomforts auf die Vertikal- und Wankbewegung [29].

In der Abbildung 2.3 weisen benachbarte Fahrzeugbewegungen einen direkten Zusammenhang auf. Dieser Zusammenhang beruht auf der Kopplung der reinen Bewegungsform. Eine Wankbewegung des Fahrzeugs um die Wankachse beispielsweise induziert stets einen gewissen Bewegungsanteil in lateraler und vertikaler Richtung. Klassische Fahreigenschaften berücksichtigen zum Teil diese Zusammenhänge. Als Beispiel kann die Eigenschaft der Richtungsstabilität erwähnt werden. Die Richtungsstabilität beschreibt die Eigenschaft, nach einer geringfügigen, kurzzeitigen Störung zum stationären Gleichgewicht des Fahrzustands zurückzukehren [26]. Sie wird hauptsächlich durch die Querdynamik, aber auch durch die Wank- und Gierdynamik bewertet.

Es gilt zu berücksichtigen, dass die Fahrzeugbewegungen zudem fahrwerkseitig durch kinematische Bedingungen gekoppelt sind. Als Beispiel kann hier die Eigenschaft des Rollsteuerns genannt werden. Die wechselseitige Einfederung auf Basis einer Wankbewegung führt dabei in Abhängigkeit der Achskinematik zu Spur- und Sturzwinkeländerungen, die eine unmittelbare Änderung der Seitenkräfte an den Rädern zur Folge haben.

Bei der Optimierung einer Fahreigenschaft gilt es daher, Wirkzusammenhänge mit Eigenschaften anderer Bewegungsrichtungen zu berücksichtigen. Die Optimierung einer Eigenschaft kann im Konflikt mit einer anderen Eigenschaft stehen und zu einer Verschlechterung führen. Als Beispiel sei hier die Bewertung der Wankeigenschaft genannt. Die Wankbewegung lässt sich bereits gut durch Kennwerte objektivieren. Ein üblicher Kennwert ist der Wankindex WI, der sich nach Gl. 2.1 berechnet [22].

$$WI = \frac{\ddot{\varphi}}{a_y} \cdot h_k \cdot \frac{1}{\omega} + \frac{\dot{\varphi}}{a_y} \cdot h_1 + \frac{\varphi}{a_y} \cdot h_1 \cdot \omega \qquad \text{Gl. 2.1}$$

$\varphi, \dot{\varphi}, \ddot{\varphi}$: Maximalwerte der Wankbewegung

a_y : maximale Querbeschleunigung

h_k : Abstand der Wankachse zum Kopf des Fahrers

h_1 : Ausgleichskoeffzient d. Einheiten

ω : Kreisfrequenz aus Manöver Spurwechsel

Der Wankindex bewertet die maximalen Wankbewegungen während eines Spurwechselmanövers und addiert Wankwinkel, Wankgeschwindigkeit und Wankbeschleunigung zu einem quantitativen Wert. Über Koeffizienten werden die Einheiten ausgeglichen. Ein Aspekt der menschlichen Wahrnehmung wird mit dem Hebelarm h_k ausgedrückt und berücksichtigt den Abstand zwischen Fahrzeugwankachse und Kopf. Wenzelis [30] unterteilt zusätzlich den Wankvorgang in Phasen des Anwankens, des stationären Wankens und des Auswankens. Durch die zusätzliche Unterteilung können die Wankphasen detailliert untersucht werden.

Dennoch wird bei den genannten Bewertungen kein Bezug auf die Gierbewegung genommen. Eine Optimierung hinsichtlich dieser Bewertungskriterien kann möglicherweise zu einer Verschlechterung des Gierverhaltens führen.

Bisher befassen sich wenige Quellen mit Fahreigenschaften gekoppelter Fahrzeugbewegungen. Botev [22] untersucht daher die fahrerinduzierten Wechselwirkungen des Wank- und Gierverhaltens und stellt einen Zusammenhang dieser Bewegungsrichtungen fest. Fahrzeuge, die viel Wanken und damit einen hohen Wankindex aufweisen, dürfen nicht sehr direkt sein und sollen einen geringen stationären Gierverstärkungsfaktor aufweisen. Fahrzeuge, die direkt sind und damit einen hohen Gierverstärkungsfaktor aufweisen, sollen wenig wanken. Ein verhältnismäßig zu hoher Gierverstärkungsfaktor vermittelt ein unharmonisches Verhalten zwischen Wanken und Gieren. Im Gegensatz dazu sollte der Gierverstärkungsfaktor bei gegebenem Wankindex nicht zu niedrig sein, da sonst das Wanken zeitlich vor dem Gieren wahrgenommen wird. Dies widerspricht jedoch der erwarteten Reaktion eines natürlichen Fahrzeugs auf eine Lenkradwinkeleingabe und führt daher zur Abwertung der Fahrzeugbewegung [22]. Die durchgeführte Variantengenerierung erfolgt hier durch eine aufwendige Modifizierung der Lenkübersetzung des Versuchsfahrzeugs und durch die Verwendung verschiedener Stabilisatoren.

Die Eigenschaftsentwicklung orientiert sich vermehrt auf kundentypische Fahrsituationen aus dem Alltag. Für die Objektivierung der Stabilität von Fahrzeugen werden bei [24] nicht nur Fahrmanöver im Grenzbereich, sondern auch Fahrten auf Autobahnen durchgeführt. Bei kurvigen Straßenverläufen oder Fahrspurwechseln werden hierbei Querbeschleunigungen von bis zu vier Metern pro Sekunde erreicht. Gerade bei hoher Fahrgeschwindigkeit erwartet der Kunde eine gute Kontrollierbarkeit und die Vermittlung eines sicheren Fahrgefühls. Existieren dann signifikante Unebenheiten auf der Fahrbahnoberfläche, kann das Fahrgefühl durch die Fahrzeugreaktion beeinträchtigt werden. Eine vom Fahrer gut bewertete Fahrzeugreaktion soll vorhersehbar sein und ihn nicht überraschen [24]. Durch einen simulativen Optimierungsprozess werden Feder- und Stabilisatorsteifigkeiten sowie die Lenkübersetzung angepasst und damit die Wank- und Gierreaktion infolge der Straßenanregung verringert. Das Resultat lässt sich durch Testfahrten im Simulator bestätigen.

Die in [24] beschriebene Versuchsfahrt auf der Autobahn mit signifikanten Unebenheiten unter konstanter Geschwindigkeit von 180 km/h wird im Folgenden als Autobahnszenario bezeichnet. Innerhalb dieses Autobahnszenarios wird die Wahrnehmung des Fahrers insbesondere durch kombinierte Gier- und Wankbewegungen beeinflusst.

Die Bedeutung des virtuellen Fahrversuchs nimmt zu. Die Einbindung eines Fahrsimulators in die Fahrdynamik- und Komfortentwicklung bietet neue Möglichkeiten. Zusammenfassend lässt sich Folgendes feststellen:

- Fahrbahninduzierte Anregungen durch einzelne Unebenheiten können das Fahrgefühl bei höheren Geschwindigkeiten besonders beeinträchtigen. Hierbei spielt die gekoppelte Gier- und Wankbewegung eine wichtige Rolle.
- Bisher ist nicht geklärt, welchen Einfluss die fahrbahninduzierte Gier- und Wankbewegung des Fahrzeugs auf das Subjektivempfinden des Fahrers hat.

3 Modellierung und Implementierung des virtuellen Fahrversuchs

Im folgenden Kapitel werden die simulationstechnischen Umfänge der Arbeit beschrieben. Für die Durchführung der virtuellen Fahrversuche wird ein validiertes Fahrzeugmodell benötigt. Die Validierung erfolgt durch ein Fahrzeug der oberen Mittelklasse in Abbildung 3.1, das im Rahmen der Untersuchungen als repräsentatives Versuchsfahrzeug dient.

Abbildung 3.1: Versuchsfahrzeug der oberen Mittelklasse

Das validierte Fahrzeugmodell, im Folgenden als Basisfahrzeug bezeichnet, wird mit einer Torque-Vectoring Regelung und einer aktiven Wankstabilisierung ausgestattet. Beide Systeme werden verwendet, um Gier- und Wankbewegungen des Fahrzeugaufbaus während des Fahrversuchs zu beeinflussen. Die Modellierung der Systeme zielt dabei auf eine konzeptionelle Umsetzung, die dem Stand heutiger Technologien entspricht und für die virtuellen Fahrversuche im Fahrsimulator geeignet ist.

© Springer Fachmedien Wiesbaden GmbH, ein Teil von Springer Nature 2020
M.-T. Nguyen, *Subjektive Wahrnehmung und Bewertung fahrbahninduzierter Gier- und Wankbewegungen im virtuellen Fahrversuch*, Wissenschaftliche Reihe Fahrzeugtechnik Universität Stuttgart, https://doi.org/10.1007/978-3-658-30221-4_3

Für die Untersuchung der fahrbahninduzierten Fahrzeugreaktion werden neue Ansätze der Anregungsgenerierung entwickelt und angewendet. Zum einen wird die Fahrzeugreaktion durch eine konkrete Modellierung der Fahrbahnoberfläche basierend auf realen Straßenmessungen hervorgerufen. Zum anderen werden die Fahrzeugreaktionen durch virtuelle Kräfte und Momente direkt auf den Aufbau des Fahrzeugmodells aufgeprägt.

Im Rahmen der simulationstechnischen Umfänge werden Messungen mit dem Versuchsfahrzeug durchgeführt. Das Versuchsfahrzeug wird hierfür mit Fahrdynamik-Messtechnik ausgerüstet. Eine inertiale Messeinheit IMU wird im Fahrzeugaufbau verbaut und für die Aufzeichnung sämtlicher translatorischer und rotatorischer Aufbaubewegungen verwendet. Mit dem Einsatz von Laserabstandssensoren unterhalb des Fahrzeugbodens wird der Abstand zur Fahrbahnoberfläche gemessen und die Aufbaubewegung relativ zur Fahrbahnoberfläche ermittelt. Aus den absolut gemessenen Wank- und Nickwinkeln der IMU und den relativen Winkeln zur Fahrbahnoberfläche können Querneigung und Steigung der Straße berechnet werden. Der verbaute Correvit-Sensor am Heck des Fahrzeugs erfasst zudem den Fahrzeugschwimmwinkel. Das Messdatenerfassungssystem befindet sich im Kofferraum des Fahrzeugs. Ein Messrechner mit Grafikoberfläche erlaubt die Steuerung der Messung und die Kontrolle der Messdaten während des Versuchs.

3.1   Modellierung des Fahrzeugmodells

Für den virtuellen Fahrversuch im Simulator wird ein Fahrzeugmodell benötigt. Dieser Fahrversuch erfüllt die Aufgabe, sämtliche Fahrzeugbewegungen des realen Versuchsfahrzeugs im Simulator darzustellen. Für die subjektive Wahrnehmung während des Autobahnszenarios sind sowohl die Vertikalbewegung als auch die Lateralbewegung des Fahrzeugs ausschlaggebend. Beide Fahrzeugbewegungen benötigen eine ausreichend genaue Modellierung, um die Fahrzeugaufbaubewegung des realen Versuchsfahrzeugs exakt wiederzugeben. Hierbei sind zwei Aspekte der Modellierung zu berücksichtigen. Zum einen ist es wichtig, die fahrbahninduzierte Fahrzeugaufbaubewegung realistisch abzubilden, die es im Rahmen der Versuche zu untersuchen gilt. Zum anderen soll die fahrerinduzierte Fahrzeugreaktion durch

Lenkradeingaben abgebildet werden, die dem Fahrer im Simulator ein realistisches Fahrgefühl vermittelt.

Für die Modellierung des Basisfahrzeugs wird die Software IPG CarMaker verwendet. Das Fahrzeugmodell besteht aus einem starren Fahrzeugkörper und vier weiteren Körpern zur Abbildung der ungefederten Massen. Die Verbindung der ungefederten Massen zum Aufbau erfolgt durch die Modellierung der Fahrwerkskomponenten, bestehend aus der Aufbaufeder, des Stoßdämpfers, des Stützlagers, des Stabilisators, sowie der Zug- und Druckanschläge.

Die Kinematik und Elastokinematik der Räder werden durch Kennlinien definiert, die über Messungen am KNC-Prüfstand gewonnen werden. Das verwendete Reifenmodell nach Pacejka [31] bildet das nichtlineare Reifenverhalten ab. Für die Lenkungsmodellierung wird der Ansatz des Pfeffer-Lenkungsmodells [32] verwendet, dessen Abbildung die mechanischen Lenkungskomponenten berücksichtigt und die notwendige Lenkelastizität berücksichtigt.

Aufgrund der Versuchsgeschwindigkeit von 180 km/h sind die auf den Fahrzeugaufbau wirkenden aerodynamischen Kräfte bedeutend. Durch die Parametrisierung des Luftwiderstandsbeiwerts und der Auftriebsbeiwerte kann die geschwindigkeitsabhängige Achslaständerung durch Anströmung abgebildet werden.

Die Validierung des Fahrzeugmodells erfolgt durch reale Messungen mit dem Versuchsfahrzeug. Hierbei werden die Übertragungsfunktionen der Gierrate, des Schwimmwinkels, der Querbeschleunigung und des Rollwinkels in Abhängigkeit der Lenkradfrequenz berücksichtigt und verglichen. Stimmen diese überein, kann von einem identischen Fahrzeugverhalten ausgegangen werden. Auf Basis des CarMaker Basisfahrzeugmodells werden Konzepte aktiver Fahrdynamikregelsysteme entwickelt und eingebunden. Im Folgenden wird auf die Modellierung dieser Systeme eingegangen.

3.2 Modellierung der aktiven Fahrdynamikregelsysteme

Das in Kapitel 3.1 vorgestellte Basisfahrzeugmodell erhält ein Antriebstrangmodell mit variabler Antriebsmomentverteilung (Torque-Vectoring) und die

Möglichkeit einer aktiven Wankstabilisierung durch Verstellung der Stabilisatoren. Abbildung 3.2 zeigt den Fahrer-Fahrzeug-Regelkreis mit der Einbindung beider Systeme in die Modellstruktur des Fahrzeugs. Das Basisfahrzeugmodell bildet mit den Systemen der radindividuellen Antriebsmomentverteilung und der Stabilisatorverstellung den digitalen Prototypen für den virtuellen Fahrversuch im Fahrsimulator.

Durch die variable Momentverteilung an den Rädern können Fahrzeuglängskraft F_x und Giermoment M_z erzeugt werden. Diese werden verwendet, um eine konstante Fahrgeschwindigkeit während des Versuchs beizubehalten und die Gierbewegung des Fahrzeugs gezielt zu beeinflussen.

Das Konzept der aktiven Wankstabilisierung regelt die Wankbewegung des Fahrzeugaufbaus. Die Stabilisierung der Fahrzeugwankbewegung erfolgt über die Vorgabe eines Wankmoments M_x, das durch eine Stabilisatorverstellung zusätzlich wirkende Kräfte an den Stabilisatoren aufbringt. Mit der aktiven Wankabstützung soll eine Regelung der Wankbewegung umgesetzt werden.

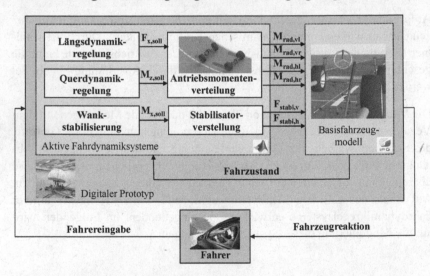

Abbildung 3.2: Fahrer-Fahrzeug-Regelkreis mit der Einbindung der aktiven Fahrdynamiksysteme für den virtuellen Fahrversuch des digitalen Prototyps im Fahrsimulator.

3.2.1 Konzept der Längs- und Querdynamikregelung

Die Antriebsmomentverteilung erfolgt über den in [25] vorgestellten Torque-Vectoring Regelungsansatz. Hierbei werden Anforderungen bezüglich der Längs- und Querdynamik gestellt, die durch eine radindividuelle Verteilung der Antriebsmomente erfüllt werden. Die Längsdynamikregelung wird für die Einhaltung einer geforderten Versuchsgeschwindigkeit genutzt. Durch den Vergleich mit der aktuellen Fahrzeuggeschwindigkeit wird eine notwendige Längskraft $F_{x,soll}$ berechnet und mit den entsprechenden Antriebsmomenten an den vier Rädern umgesetzt.

Die Querdynamikregelung berechnet ein notwendiges Giermoment $M_{z,soll}$, um fahrbahninduzierte Gierreaktionen zu minimieren. Ziel der Regelung ist die Optimierung des fahrbahninduzierten Gierverhaltens durch eine Kompensation der Gierbewegung, die durch das Befahren des Ereignisses hervorgerufen wird. Das notwendige Giermoment wird über zusätzliche Längskräfte auf die vier Räder verteilt.

Wird von Seitenwind abgesehen, so setzt sich die gesamte Fahrzeuggierbewegung aus der fahrbahninduzierten und der fahrerinduzierten Bewegung zusammen. Die Kompensation der fahrbahninduzierten Bewegung setzt voraus, den Anteil dieser Gierreaktion von dem der fahrerinduzierten Reaktion unterscheiden zu können.

Für diesen Zweck wird die fahrerinduzierte Gierreaktion bestimmt. Mit ihrer Kenntnis lässt sich durch Subtraktion der gesamten Fahrzeuggierbewegung die fahrbahninduzierte Gierbewegung identifizieren. Abbildung 3.3 verdeutlicht den Zusammenhang der fahrer- und fahrbahninduzierten Bewegung. Aus dem fahrbahninduzierten Gieren wird durch eine PID-Gierratenregelung das notwendige Giermoment $M_{z,soll}$ berechnet.

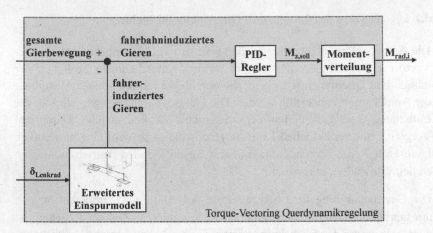

Abbildung 3.3: Konzept der Torque-Vectoring Querdynamikregelung des
fahrbahninduzierten Gierens durch Subtraktion der fahrerinduzierten Gierbewegung eines Einspurmodells

Für die Berechnung des fahrerinduzierten Gierens wird das erweiterte Einspurmodell von Krantz [33] angewendet. Die Anforderung an das verwendete
Einspurmodell für die Querdynamikregelung besteht darin, die Fahrzeuggierbewegung in Abhängigkeit des Lenkradwinkels abzuschätzen. Die Parameter
des Einspurmodells werden durch einen numerischen Optimierungsprozess
bestimmt, so dass Amplituden- und Phasengang der Gierrate mit denen des
Basisfahrzeugmodells übereinstimmen.

Für die Bestimmung der Amplituden- und Phasengänge werden zwei Fahrmanöver mit dem Basisfahrzeugmodell durchgeführt. Durch das Sinuslenk-
manöver mit steigender Lenkradfrequenz und anschließender Fast Fourier
Transformation (FFT) wird das Übertragungsverhalten des Basisfahrzeugmodells bestimmt. Die maximale Lenkradwinkelamplitude während des Manö-
vers wird konstant gehalten. Die Ermittlung der maximalen Lenkradwinkelamplitude erfolgt über eine quasistationäre Kreisfahrt bei gegebener
Versuchsgeschwindigkeit und wird über denjenigen Lenkradwinkel festgelegt, der sich bei einer Querbeschleunigung von $a_y = 2$ m/s² einstellt.

Mit der quasistationären Kreisfahrt werden die Schräglaufsteifigkeiten $C_{\alpha 0}$ der
Vorder- und Hinterachse für das Einspurmodell bestimmt. Die Bestimmung

der Schräglaufsteifigkeit einer Achse erfolgt über den Quotienten aus Achsseitenkraft und Achsschräglaufwinkel in Gl. 3.1 [34].

$$C_{\alpha 0} = \frac{F_y}{\alpha} \qquad \text{Gl. 3.1}$$

Über das Momentengleichgewicht um die Hochachse können die anteiligen Achsseitenkräfte ermittelt werden. Damit ergeben sich die Achssteifigkeiten der Vorder- und Hinterachse in Gl. 3.2 und Gl. 3.3.

$$C_{\alpha 0,VA} = \frac{m \cdot a_y}{\alpha_{VA}} \cdot \frac{l_h}{l_v + l_h} \qquad \text{Gl. 3.2}$$

$$C_{\alpha 0,HA} = \frac{m \cdot a_y}{\alpha_{HA}} \cdot \frac{l_h}{l_v + l_h} \qquad \text{Gl. 3.3}$$

Die Achsschräglaufwinkel werden aus der Simulation des Basisfahrzeugs gewonnen. Notwendige Größen wie Fahrzeugmasse m = 1886 kg, konstante Lenkübersetzung $i_{Lenkrad}$ =15,9 sowie Lage des Fahrzeugschwerpunkts gegeben durch l_v = 1,308 m, l_h = 1,607 m und h_s = 0,557 m können aus dem Versuchsfahrzeug ermittelt werden.

Mit den gemessenen Größen und den ermittelten Achsschräglaufsteifigkeiten aus dem Basisfahrzeugmodell wird das erweiterte Einspurmodell [33] zum Teil parametrisiert, sodass die übrigen Parameter durch numerische Optimierung festgelegt werden. Die übrigen Parameter des erweiterten Einspurmodells für die Bestimmung der fahrerinduzierten Gierbewegung sind in Tabelle 3.1 zusammengefasst.

Tabelle 3.1:   Parametrisierung des erweiterten Einspurmodells zur Bestimmung der fahrerinduzierten Gierbewegung

Parameter	Wert	Einheit
Schräglaufsteifigkeit der VA $C_{\alpha 0,VA}$	1.2103e+05	N/rad
Schräglaufsteifigkeit der HA $C_{\alpha 0,HA}$	2.1095e+05	N/rad
Trägheitsmoment um x I_{xx}	657.685	kgm²
Trägheitsmoment um z I_{zz}	3.6136e+03	kgm²
Rollsteuerkoeffizient der VA $R_{rs,VA}$	0.2414	
Rollsteuerkoeffizient der HA $R_{rs,HA}$	-0.0487	
Rollsteifigkeit k_r	1.3781e+05	Nm/rad
Rolldämpfung c_r	1.7271e+04	Nms/rad
Einlauflänge der VA $\sigma_{\alpha,VA}$	0.325	m
Einlauflänge der HA $\sigma_{\alpha,HA}$	0.6095	m

Abbildung 3.4 zeigt den Vergleich zwischen dem parametrisierten Einspurmodell und dem Basisfahrzeugmodell. Das Zielverhalten des Basisfahrzeugs wird im Amplituden- und Phasengang der Gierrate in Abhängigkeit des Lenkradwinkels durch die gestrichelte Linie dargestellt. Die durchgezogene Linie zeigt das Übertragungsverhalten des parametrisierten Einspurmodells. Zusätzlich wird der stationäre Gierverstärkungsfaktor des Einspurmodells (ESTM stationär) gekennzeichnet.

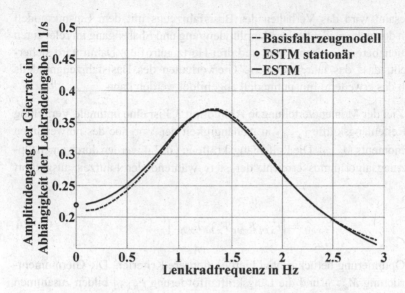

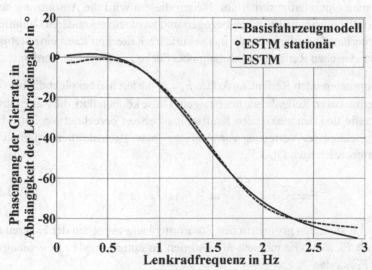

Abbildung 3.4: Amplituden- und Phasengang zwischen Gierrate und Lenkradwinkel

Insgesamt wird das Verhalten des Basisfahrzeugs mit dem Einspurmodell durch den nahezu identischen Amplitudengang und Phasengang im relevanten Frequenzbereich zwischen null und drei Hertz getroffen. Damit wird sichergestellt, dass das fahrerinduzierte Gierverhalten des Basisfahrzeugmodells durch das erweiterte Einspurmodell abgebildet werden kann.

Das Ziel der Momentverteilung in Abbildung 3.3 ist eine optimale Verteilung der Reifenlängskräfte $F_{x,rad}$ in Abhängigkeit der Vorgabe des notwendigen Giermoments $M_{z,soll}$. Die Reifenlängskräfte in Gl. 3.4 werden durch einen Optimierungsalgorithmus erreicht, der stets während der Laufzeit ausgeführt wird.

$$F_{x,rad} = \begin{bmatrix} F_{x,vl} \ F_{x,vr} \ F_{x,hl} \ F_{x,hr} \end{bmatrix}^T \qquad\qquad \text{Gl. 3.4}$$

Die Optimierung berücksichtigt hierbei mehrere Kriterien. Die Giermomentanforderung $M_{z,soll}$ und die Längskraftanforderung $F_{x,soll}$ bilden zusammen das primäre Optimierungskriterium. Neben diesem wird die Ausnutzung der Reifenkraftschlussbeiwerte miteinbezogen und zu einem sekundären Optimierungskriterium formuliert. Durch das sekundäre Kriterium kann eine stetige Traktion zwischen Reifen und Fahrbahnoberfläche gewährleistet werden.

Die zu optimierenden Reifenlängskräfte $F_{x,rad}$ dürfen hierbei nicht die maximal übertragbaren Reifenkräfte übersteigen. Diese können über die Reifenaufstandskräfte und den maximalen Kraftschlussbeiwert berechnet werden. Mit der Möglichkeit der Verteilung von Antriebs- bzw. Bremskräften ergibt sich ein Wertebereich nach Gl. 3.5.

$$-\mu_{max}F_{z,rad} \leq F_{x,rad} \leq \mu_{max}F_{z,rad} \qquad\qquad \text{Gl. 3.5}$$

Die Gl. 3.6 stellt den geometrischen Zusammenhang zwischen der Fahrzeuglängskraft F_x, dem Giermoment M_z und den zu optimierenden Reifenlängskräften $F_{x,rad}$ dar.

$$\begin{pmatrix} F_x \\ M_z \end{pmatrix} = B_{xz}F_{x,rad} \qquad\qquad \text{Gl. 3.6}$$

Die Umrechnung der Reifenlängskräfte auf Fahrzeuglängskraft und Giermoment erfolgt über die Bestimmung des Kräftegleichgewichts in Fahrzeuglängsrichtung des Momentengleichgewichts um die Fahrzeughochachse. Beide werden über die Matrix $B_{xz} \in \mathbb{R}^{2x4}$ in Gl. 3.7 unter Berücksichtigung der vorderen Radlenkwinkel δ sowie der vorderen und hinteren Spurweiten s_v und s_h zusammengefasst. In Anbetracht der Kleinwinkelnäherung wird in diesem Ansatz der Einfluss der Reifenseitenkraft auf das entstehende Giermoment vernachlässigt.

$$B_{xz} = \begin{bmatrix} cos(\delta_{vl}) & cos(\delta_{vr}) & 1 & 1 \\ -cos(\delta_{vl})\dfrac{s_v}{2} & cos(\delta_{vr})\dfrac{s_v}{2} & -\dfrac{s_h}{2} & \dfrac{s_h}{2} \end{bmatrix} \qquad \text{Gl. 3.7}$$

Das konvexe Optimierungsproblem kann somit durch die quadratische Zielfunktion in Gl. 3.8 beschrieben werden [25].

$$\min_{F_{x,rad}} \left(\left\| W_{xz}\left(\begin{pmatrix} F_x \\ M_z \end{pmatrix} - \begin{pmatrix} F_{x,soll} \\ M_{z,soll} \end{pmatrix} \right) \right\|_2^2 + F_{x,rad}{}^T Q\, F_{x,rad} \right) \qquad \text{Gl. 3.8}$$

Die Diagonalmatrix $W_{xz} \in \mathbb{R}^{2x2}$ in Gl. 3.8 beinhaltet skalare Gewichtungsfaktoren. Die Vergrößerung oder Verkleinerung eines Faktors in W_{xz} erzielt eine Erhöhung bzw. Senkung der gesamten Kostenfunktion durch Multiplikation mit der Differenz zwischen den Sollwerten ($F_{x,soll}$, $M_{z,soll}$) und den Istwerten (F_x, M_z). Damit ist eine Verschiebung der Gewichtung zwischen der Längskraft- und der Giermomentanforderung möglich. Ein hoher Gewichtungsfaktor einer Anforderung verbessert deren Zielerreichung. Im Umkehrschluss kann eine zu geringe Gewichtung dazu führen, die Anforderung nicht zu erfüllen. Die Diagonalmatrix $Q \in \mathbb{R}^{4x4}$ in Gl. 3.8 enthält normierte Gewichtungsfaktoren für die Ausnutzung des Kraftschlussbeiwerts der Reifen.

Durch die Minimierung der Kostenfunktion in Gl. 3.8 wird die optimale Verteilung der Antriebskräfte in Bezug auf Geschwindigkeitseinhaltung und Minimierung der fahrerinduzierten Gierbewegung berechnet. Das Ergebnis stellt aufgrund des sekundären Optimierungskriteriums die geringste Summe der Reifenkräfte unter Berücksichtigung des maximalen Kraftschlussbeiwerts dar. Die optimierten Reifenlängskräfte $F_{x,rad,i}$ ergeben sich nach Gl. 3.9 zu den

Antriebs- bzw. Bremsmomenten $M_{rad,i}$ des i-ten Rades. Der dynamische Radhalbmesser r_{dyn}' ergibt sich aus dem Abstand zwischen der sich drehenden Radnabe und der Fahrbahn.

$$M_{rad,i} = F_{x,rad,i} \cdot r_{dyn,i}' \qquad \text{Gl. 3.9}$$

3.2.2 Konzept der aktiven Wankstabilisierung

Bei einem konventionellen Fahrzeug ohne aktive Wankstabilisierung und unter Voraussetzung konstanter Aufbausteifigkeiten kann in Gl. 3.10 von einem nahezu proportionalen Verhalten zwischen der Querbeschleunigung und dem Fahrzeugwankwinkel ausgegangen werden [20].

$$\varphi \sim a_y \qquad \text{Gl. 3.10}$$

Unter einem gegebenen Wankwinkel eines starren Aufbaus stellen sich bestimmte Radeinfederungsdifferenzen zwischen der linken und rechten Spur an Vorder- und Hinterachse ein. Für die quasistationäre Fahrt und unter Berücksichtigung der Kleinwinkelannäherung des Wankwinkels verhält sich die Radeinfederungsdifferenz einer Achse nach Gl. 3.11 linear zur Querbeschleunigung.

$$\frac{\left(z_{rad,r} - z_{rad,l}\right)}{a_y} = konst. \qquad \text{Gl. 3.11}$$

Der konventionelle Stabilisator im Basisfahrzeugmodell wird als Drehstabfeder mit zwei Hebelarmen ausgeführt. Die vertikale Einfederung eines Rades z_{rad} hängt kinematisch mit der Bewegung des Stabilisatorhebelarms z_{stabi} zusammen. Dieser kinematische Zusammenhang unterliegt holonomer Zwangsbedingungen und wird im Modell über Kinematikkennfelder abgebildet.

Der Stabilisator einer Achse erzeugt eine Stabilisatorkraft in Abhängigkeit der vertikalen Einfederungsdifferenz $z_{stabi,r} - z_{stabi,l}$ seiner Hebelarme. Der Zusammenhang zwischen Kraft und Einfederungsdifferenz ist linear und wird als

Stabilisatorsteifigkeit c_{stabi} bezeichnet. Die resultierende Kraft eines konventionellen Stabilisators am linken Hebelarm berechnet sich nach Gl. 3.12.

$$F_{stabi\ konv,l} = c_{stabi}(z_{stabi,r} - z_{stabi,l}) \qquad \text{Gl. 3.12}$$

Die Kraft am rechten Hebelarm des konventionellen Stabilisators in Gl. 3.13 wirkt der linken Kraft stets entgegengesetzt.

$$F_{stabi\ konv,r} = -F_{stabi\ konv,l} \qquad \text{Gl. 3.13}$$

Die aktive Wankstabilisierung erlaubt die Erzeugung einer zusätzlichen Stabilisatorkraft F^*_{stabi}, die der konventionellen Kraft $F_{stabi\ konv}$ überlagert wird. Die resultierende Kraft des aktiven Stabilisators am linken Hebelarm berechnet sich nach Gl. 3.14.

$$F_{stabi,l} = F_{stabi\ konv,l} + F^*_{stabi,l} \qquad \text{Gl. 3.14}$$

Die resultierende Kraft der rechten Seite wirkt nach Gl. 3.15 der linken Kraft wiederum entgegengesetzt.

$$F^*_{stabi,r} = -F^*_{stabi,l} \qquad \text{Gl. 3.15}$$

Die an den Rädern wirkenden Vertikalkräfte durch den Stabilisator berechnen sich im Basisfahrzeugmodell über den kinematischen Zusammenhang der Einfederungsdifferenzen zwischen den Stabilisatorhebelarmen und der Räder einer Achse nach Gl. 3.16 und Gl. 3.17.

$$F_{z\ stabi,l} = F_{stabi,l} \cdot \frac{\partial z_{stabi,l}}{\partial z_{rad,l}} \qquad \text{Gl. 3.16}$$

$$F_{z\ stabi,r} = F_{stabi,r} \cdot \frac{\partial z_{stabi,r}}{\partial z_{rad,r}} \qquad \text{Gl. 3.17}$$

Somit gilt im Fahrzeugmodell der allgemeine Zusammenhang. Beim Befahren einer stationären Linkskurve ergibt sich eine positive Querbeschleunigung.

Die Querbeschleunigung verursacht eine im Fahrzeugschwerpunkt angreifende Querkraft. Aus der momentanen Bahnkrümmung resultiert eine nach kurvenaußen orientierte Zentrifugalkraft, die der Querkraft stets entgegenwirkt. Über den Hebelarm zwischen der Schwerpunkthöhe und der Wankachse wirkt ein positives Wankmoment, das zu einem positiven Wankwinkel des Aufbaus führt. Die Radeinfederung des kurvenäußeren Rades ist dabei größer als die des kurveninnenliegenden Rades, sodass sich in Summe eine positive Radeinfederungsdifferenz $z_{rad,r} - z_{rad,l}$ bzw. positive Einfederungsdifferenz des Stabilisators $z_{stabi,r} - z_{stabi,l}$ einstellt. Durch die konstante Steifigkeit des konventionellen Stabilisators nach Gl. 3.12 wirkt auf der linken Seite eine positive Kraft $F_{stabi\,konv}$ am Hebelarm des Stabilisators.

Sofern keine zusätzliche Kraft F_{stabi}^* der aktiven Wankstabilisierung aufgebracht wird, ergibt sich nach Gl. 3.14 für die linke Seite in Summe eine positive Stabilisatorkraft F_{stabi}, die das Rad zum Einfedern bewegt. Auf der gegenüberliegenden Seite ergibt sich entsprechend eine negative Stabilisatorkraft. In Summe wird durch den Stabilisator ein negatives Wankmoment aufgebracht, das entgegen der Wankaufbaubewegung wirkt, den Aufbau stabilisiert und den resultierenden Wankwinkel reduziert. Beim Befahren einer Rechtskurve wirken die Zusammenhänge stets entgegengesetzt.

Die Berechnung der zusätzlichen Stabilisatorkraft F_{stabi}^* einer Achse erfolgt über die Vorgabe des Wankmoments $M_{x,soll}$. Hierfür werden zwei Vereinfachungen getroffen. Zum einen wird davon ausgegangen, dass sich im Rahmen der Kleinwinkelannäherung die vertikalen Einfederungen der Räder einer Achse und der jeweiligen Stabilisatorhebelarme linear verhalten. Zum anderen wird in Gl. 3.18 bei der Berechnung der Stabilisatorkraft F_{stabi}^* von einem symmetrischen Verhalten zwischen der linken und rechten Fahrwerkseite ausgegangen.

$$\frac{z_{stabi,l}}{z_{rad,l}} = \frac{z_{stabi,r}}{z_{rad,r}} = konst. \qquad\qquad \text{Gl. 3.18}$$

Mit Gl. 3.11, Gl. 3.12 und Gl. 3.18 kann der Zusammenhang zwischen der Stabilisatorkraft F_{stabi} und dem Wankmoment M_x in Gl. 3.19 und Gl. 3.20 für das Fahrzeugmodell mit konventionellen Stabilisatoren über ein konstantes Verhältnis k_{stabi} beschrieben werden.

$$k_{stabi,l} = \frac{F_{stabi,l}}{M_x}$$

Gl. 3.19

$$k_{stabi,r} = -k_{stabi,l}$$

Gl. 3.20

Bei der Berechnung der zusätzlichen Stabilisatorkraft F^*_{stabi} einer Achse auf Basis eines vorgegebenen Wankmoments $M_x, soll$ wird in Gl. 3.21 das Verhältnis k_{stabi} beibehalten.

$$k_{stabi} = \frac{F^*_{stabi}}{M_{x,soll}}$$

Gl. 3.21

Die Abstützung des erforderlichen Wankmoments $M_x, soll$ erfolgt damit entsprechend der konventionellen Wankabstützung an Vorder- und Hinterachse. Mit Gl. 3.21 wird die Wankabstützung der Achsen und damit das Fahrverhalten bezüglich der Über- und Untersteuertendenz beibehalten.

Die Abbildung 3.5 stellt das Regelungskonzept der aktiven Wankstabilisierung dar. Die Rückführung der Regelung erfolgt über die Berechnung des fahrbahninduzierten Wankens. Das fahrerinduzierte Wanken beruht auf der resultierenden Wankbewegung, die durch Lenkeingaben des Fahrers während der Versuchsfahrt entstehen. Für die Abschätzung des fahrerinduzierten Wankens wird wiederum das erweiterte Einspurmodell in [33] verwendet. Mit dessen Kenntnis kann die fahrbahninduzierte Wankbewegung durch Subtraktion der gesamten Wankbewegung des Aufbaus bestimmt werden.

Das Konzept der aktiven Wankstabilisierung beinhaltet neben der Minimierung der fahrbahninduzierten Wankbewegung die Vorgabe eines bestimmten Wankverhaltens. Für diesen Zweck wird das fahrbahninduzierte Wankmodell eingeführt, das bei Bedarf als Sollvorgabe dient.

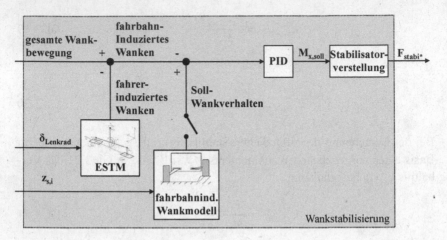

Abbildung 3.5:   Konzept der Wankstabilisierung zur Regelung des fahrbahninduzierten Wankens

Aus der Differenz des fahrbahninduzierten Wankens und der Vorgabe des
Soll-Wankverhaltens wird das Wankmoment $M_x, soll$ berechnet und über die
Verstellung der Stabilisatoren gestellt. Die Regelung erfolgt über eine PID-
Wankgeschwindigkeitsregelung.

Die Begrenzung des maximalen Wankabstützmoments orientiert sich an aktuellen 48-Volt Systemen und wird auf 1200 Newtonmeter bei einer maximalen
Stellgeschwindigkeit von 4500 Newtonmeter pro Sekunde begrenzt [35].

Die Parameter des Einspurmodells werden durch den in Kapitel 3.2.1 beschrie-
benen numerischen Optimierungsprozess bestimmt, sodass Amplituden- und
Phasengang des Wankwinkels mit denen des Basisfahrzeugmodells übereinstimmen. Es ergeben sich die in Tabelle 3.2 aufgeführten übrigen Parameter
des erweiterten Einspurmodells zur Abschätzung der fahrerinduzierten Wankbewegung.

Tabelle 3.2: Parametrisierung des erweiterten Einspurmodells zur Bestimmung der fahrerinduzierten Wankbewegung

Parameter	Wert	Einheit
Schräglaufsteifigkeit der VA $C_{\alpha,0,VA}$	1.2103e+05	N/rad
Schräglaufsteifigkeit der HA $C_{\alpha,0,HA}$	2.1095e+05	N/rad
Trägheitsmoment um x I_{xx}	657.6850	kgm²
Trägheitsmoment um z I_{zz}	3.6137e+03	kgm²
Rollsteuerkoeffizient der VA $R_{rs,VA}$	0.132	
Rollsteuerkoeffizient der HA $R_{rs,HA}$	0.1074	
Rollsteifigkeit k_r	1.3781e+05	Nm/rad
Rolldämpfung c_r	4.6366e+03	Nms/rad
Einlauflänge der VA $\sigma_{\alpha,VA}$	2.6035	m
Einlauflänge der HA $\sigma_{\alpha,HA}$	0.3	m

Die Abbildung 3.6 zeigt den Vergleich des Übertragungsverhaltens zwischen dem parametrisierten Einspurmodell und dem Basisfahrzeugmodell. Das Wankverhalten des Basisfahrzeugs wird im Amplituden- und Phasengang des Wankwinkels in Abhängigkeit des Lenkradwinkels durch die gestrichelte Linie dargestellt. Die durchgezogene Linie zeigt das Übertragungsverhalten des parametrisierten Einspurmodells. Zusätzlich wird der stationäre Wert des Wankwinkels (ESTM stationär) gekennzeichnet.

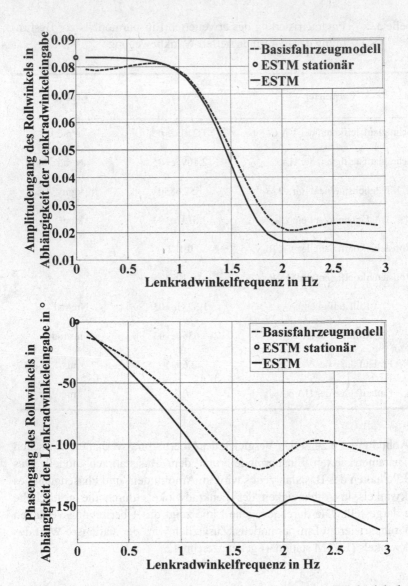

Abbildung 3.6:   Amplituden- und Phasengang zwischen Wankwinkel und Lenkradwinkel

Der Amplitudengang des Basisfahrzeugs kann mit dem erweiterten Einspurmodell weitestgehend abgebildet werden. Es ergibt sich ein Unterschied im Frequenzbereich zwischen null und einem Hertz. In diesem Bereich zeigt das Verhalten des Einspurmodells eine nahezu konstante Frequenzantwort des Wankwinkels bei etwa 0,084, während das Basisfahrzeugmodell einen gekrümmten Verlauf des Amplitudengangs vorweist. Im Frequenzbereich um ein Hertz zeigen beide Modelle eine Übereinstimmung des Amplitudengangs. Bei höheren Frequenzen der Lenkanregung ist mit einer geringeren Amplitude des Einspurmodells zu rechnen. Der Phasengang des Wankwinkels wird annähernd getroffen. Im Vergleich zum Basisfahrzeugmodell besitzt das Einspurmodell einen nahezu linearen Phasengang bis etwa 1,5 Hertz. Bei einer beispielhaften Anregung im Bereich von einem Hertz liegt die Phasendifferenz der Modelle bei ca. 20°. Für Lenkradwinkeleingaben innerhalb dieses Frequenzbereichs ist mit einer Verzögerung des Wankwinkels von etwa 56 Millisekunden zu rechnen und damit für den Anwendungsfall hinreichend.

Die Sollvorgabe im Konzept der Wankstabilisierung in Abbildung 3.5 verfolgt zum einen das Ziel der einfachen Minimierung fahrbahninduzierter Wankbewegungen. Zum anderen kann eine modellbasierte Wankbewegung durch das fahrbahninduzierte Wankmodell vorgegeben werden. Ziel des fahrbahninduzierten Wankmodells ist die Schätzung der voraussichtlichen Wankbewegung des Aufbaus in Abhängigkeit des Straßenwankwinkels φ_{st} in Abbildung 3.7.

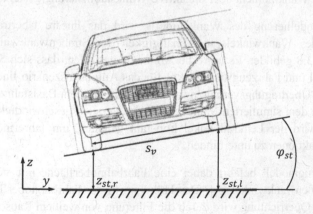

Abbildung 3.7: Straßenwankwinkel φ_{st}

Für die Berechnung des Straßenwankwinkels werden in der Simulation die Differenzen der absoluten Höhendaten z_{st} der linken und rechten Spur im inertialen Koordinatensystem an der Vorderachse verwendet. Der Straßenwankwinkel berechnet sich nach Gl. 3.22.

$$\varphi_{st} = \sin^{-1}\left(\frac{z_{st,l} - z_{st,r}}{s_v}\right). \hspace{3cm} \text{Gl. 3.22}$$

Mit der Berechnung des Straßenwankwinkels und der damit resultierenden Wankbewegung kann das fahrbahninduzierte Wankverhalten des Basisfahrzeugs mit konventionellen Stabilisatoren durch das fahrbahninduzierte Wankmodell abgebildet werden.

Die Vorgabe des Wankmodells stellt eine Möglichkeit dar, die Wankbewegung infolge eines Giermoments der Torque-Vectoring Regelung zu unterbinden und die ursprüngliche Wankreaktion des Basisfahrzeugs erfolgen zu lassen. Die fahrwerksseitige Kopplung der Gier- und Wankbewegung wird damit subjektiv kompensiert.

Die Wankbewegung infolge des Giermoments wird in Abbildung 3.5 als Differenz zwischen der fahrbahninduzierten Ist-Wankbewegung und der fahrbahninduzierten Soll-Wankbewegung des Wankmodells festgestellt. Um das ursprüngliche Soll-Wankverhalten des Basisfahrzeugs zu erreichen, wird das notwendige Wankmoment über die aktive Wankstabilisierung gestellt.

Für die Modellierung des Wankmodells wird das lineare Übertragungsverhalten des Wankwinkels in Abhängigkeit des Straßenwankwinkels in Abbildung 3.8 gebildet. Es wird die Annahme getroffen, dass sich Straßenwankwinkel und Fahrzeugwankwinkel für das Autobahnszenario linear verhalten. Das Übertragungsverhalten wird simulativ mit dem Basisfahrzeug bestimmt. Bei dem simulierten Manöver mit der Versuchsgeschwindigkeit von 180 km/h wird der Lenkradwinkel konstant gehalten, um fahrerinduzierte Fahrzeugreaktionen zu unterbinden.

Das Fahrzeugmodell befährt dabei eine Fahrbahnoberfläche mit stochastischem Straßenwankwinkel φ_{st}. Das Höhenprofil der Fahrbahnoberfläche in Längs- und Querrichtung wird durch die Filterung von weißem Rauschen generiert. Über eine Bandpassfilterung werden relevante Frequenzen gefiltert, sodass sich beim Befahren der gewünschte Frequenzinhalt des Straßenwankwinkels mit Gl. 3.22 ergibt.

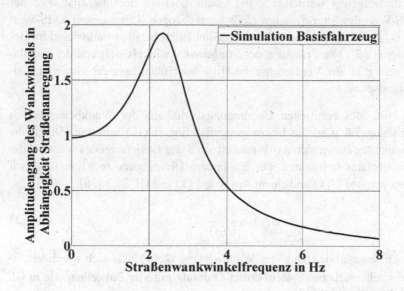

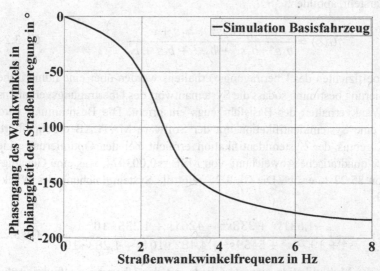

Abbildung 3.8: Amplituden- und Phasengang zwischen Wankwinkel und Straßenwankwinkel bei einem RMS-Wert von $\varphi_{st,RMS} = 0{,}5°$

Die Intensität der Fahrbahnoberfläche kann über die Amplituden des Höhen-profils festgelegt werden. Für die Quantifizierung der Intensität wird der RMS-Wert des Straßenwankwinkels herangezogen. Unter einem RMS-Wert von $\varphi_{st,rms} = 0{,}5°$ ergeben sich bei der Simulation Straßenwankwinkel im Be-reich von $\pm2°$. Die Erfassung des Straßenwankwinkels während der Simula-tion erfolgt an der Vorderachse mit Hilfe der Höhendaten der vorderen Rad-aufstandspunkte.

Mit Hilfe des ermittelten Übertragungsverhaltens der Wankbewegung in Abbildung 3.8 wird die Übertragungsfunktion (DGL) ermittelt. Durch die Gleichungen lassen sich das Wankverhalten des Basisfahrzeugs während der Simulatorfahrt bestimmen. Für ein lineare Übertragungsfunktion $G(s)$ mit einem Eingang $U(s)$ und einem Ausgang $Y(s)$ gilt Gl. 3.23 [36].

$$G(s) = \frac{Y(s)}{U(s)} \qquad \text{Gl. 3.23}$$

Die Differentialgleichung des Wankwinkels $G_\varphi(s)$ lässt sich durch ein li-neares zeitinvariantes System dritter Ordnung mit vier Polstellen, wie in Gl. 3.24 darstellt, abbilden.

$$G(s) = \frac{a_3 s^3 + a_2 s^2 + a_1 s + a_0}{b_4 s^4 + b_3 s^3 + b_2 s^2 + b_1 s + b_0} \qquad \text{Gl. 3.24}$$

Die Koeffizienten des Übertragungsverhaltens werden über eine numerische Optimierung bestimmt, sodass die Systemantwort des Übertragungsverhaltens dem Wankverhalten des Basisfahrzeugs entspricht. Die Bestimmung wird durch eine Systemidentifikation mit der Software MATLAB durchgeführt. Das Ergebnis der Systemidentifikation erreicht bei der Optimierung eine mittlere quadratische Abweichung von MSE = 0,003074, was eine Genauig-keit von 85,27 % ergibt. Die Gl. 3.25 zeigt die Systemgleichung des Wank-winkels.

$$G_\varphi(s) = \frac{-1{,}631 s^3 + 338 s^2 - 4261 s + 1{,}255 \cdot 10^6}{s^4 + 19{,}79 s^3 + 5459 s^2 + 4{,}482 \cdot 10^4 s + 1{,}283 \cdot 10^6} \qquad \text{Gl. 3.25}$$

Durch die Multiplikation eines D-Glieds mit der Übertragungsfunktion des Wankwinkels, das einer zeitlichen Ableitung des Winkels entspricht, wird die Funktion der Wankgeschwindigkeit $G_{\dot\varphi}(s) = G(s) \cdot G_\varphi(s)$ erzeugt. Es ergibt sich die Differentialgleichung der Wankgeschwindigkeit in Gl. 3.26.

$$G_\varphi(s) = \frac{-1{,}631s^4 + 338s^3 - 4261s^2 + 1{,}255 \cdot 10^6 s}{s^4 + 19{,}79s^3 + 5459s^2 + 4{,}482 \cdot 10^4 s + 1{,}283 \cdot 10^6} \qquad \text{Gl. 3.26}$$

Die Systemgleichung der Wankbeschleunigung wird wiederum durch ein LTI-System dritter Ordnung in Gl. 3.27 beschrieben. Bei der Optimierung der Koeffizienten in Gl. 3.24 wird eine Genauigkeit von 82,54 % bei einer mittleren quadratischen Abweichung von MSE = 1763 erreicht.

$$G_{\ddot\varphi}(s)$$
$$= \frac{-2{,}795 \cdot 10^4 s^3 - 9{,}497 \cdot 10^4 s^2 - 4{,}165 \cdot 10^4 s + 4{,}502 \cdot 10^5}{s^4 + 114{,}5\,s^3 + 1856\,s^2 + 2{,}965 \cdot 10^4\,s + 1{,}461 \cdot 10^5} \qquad \text{Gl. 3.27}$$

Für die ermittelten Systemgleichungen des Wankwinkels, der Wankgeschwindigkeit und der Wankbeschleunigung ergeben sich die in Abbildung 3.9, Abbildung 3.10 und Abbildung 3.11 dargestellten Übertragungsverhalten. Darin abgebildet sind jeweils das Verhalten des Basisfahrzeugs sowie das Systemverhalten der jeweiligen Differenzialgleichungen.

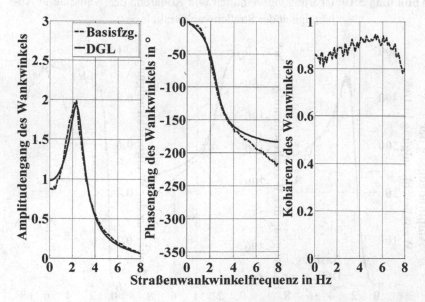

Abbildung 3.9: Übertragungsverhalten und Kohärenz des Wankwinkels in Abhängigkeit des Straßenwankwinkels

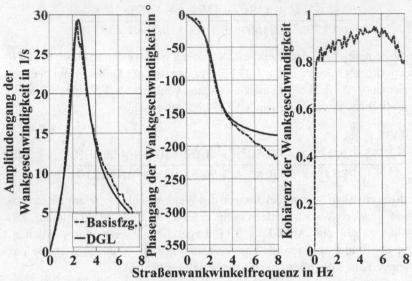

Abbildung 3.10: Übertragungsverhalten und Kohärenz der Wankrate in Abhängigkeit des Straßenwankwinkels

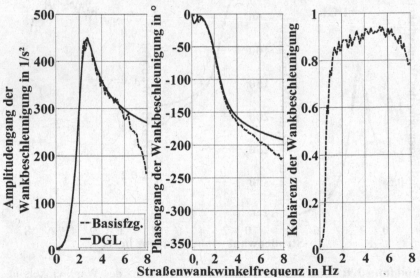

Abbildung 3.11: Übertragungsverhalten und Kohärenz der Wankbeschleunigung in Abhängigkeit des Straßenwankwinkels

Mit steigender Straßenanregungsfrequenz steigt in Abbildung 3.8 die Wankwinkelreaktion des Basisfahrzeugs. Die maximale Wankwinkelverstärkung liegt bei etwa 2,3 Hertz. Oberhalb dieser Frequenz zeigt der Fahrzeugaufbau ein gedämpftes Wankverhalten. Die Funktion des Phasengangs verläuft bei niedrigen Anregungsfrequenzen annähernd linear. Ab zwei Hertz steigt die Phase des Wankwinkels überproportional an, so dass sie ab fünf Hertz einen Phasenwinkel von 180° aufweist. Mit den Kohärenzwerten von ca. 0.8 kann im untersuchten Winkelbereich von einem linearen Verhalten zwischen Straßenwankwinkel und Wankbewegung des Basisfahrzeugs ausgegangen werden.

Bis zu einer Anregungsfrequenz des Straßenwankwinkels von vier Hertz kann die Wankreaktion des Basisfahrzeugs durch die Systemgleichungen des Wankmodells hinreichend abgebildet werden. Ab einer Anregungsfrequenz von vier Hertz stellt sich eine Phasendifferenz zwischen den Modellen ein. Die Amplitudenantwort des Wankwinkels ist in diesem Frequenzbereich deutlich gedämpft und weist eine Verringerung um 50 % auf.

3.2.3 Bestimmung der PID-Reglerparameter

Das Reglerverhalten der TV-Querdynamikregelung und der aktiven Wankstabilisierung wird über die Reglerparameter festgelegt. Die Parameter bestehen jeweils aus dem K_p-, K_i-, und K_d-Anteil der PID-Regler sowie einem konstanten Verstärkungsfaktor K_g. Abbildung 3.12 zeigt die Reglerparameter der Gierraten- und Wankgeschwindigkeitsregelung.

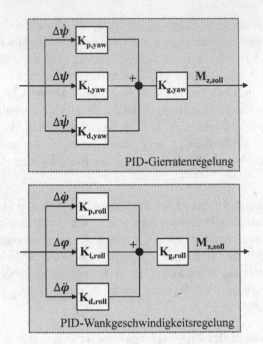

Abbildung 3.12:   Reglerparameter der PID-Gierratenregelung (oben) und der PID-Wankgeschwindigkeitsregelung (unten)

Der K_p-Anteil beeinflusst maßgeblich die Rotationsgeschwindigkeit. Der K_i- und K_d-Anteil berücksichtigen die Winkelabweichung bzw. die Abweichung der Rotationsbeschleunigung. Durch die Verstärkung K_g kann die Stellgröße $M_{x,soll}$ bzw. $M_{z,soll}$ der Regelung absolut variiert werden. Der Faktor K_g kann beliebig zwischen den Werten null und eins gewählt werden. Bei $K_g = 0$ wird die jeweilige Stellgröße $M_{z,soll}$ bzw. $M_{x,soll}$ eliminiert, sodass hinsichtlich dieser Aufbaubewegung keine Regelung erfolgt. Für $K_g = 1$ ist das System vollständig aktiviert.

Die Bestimmung der Anteile erfolgt nach der Methode von Marler [37] durch das Pareto-Optimum. Es ermöglicht die Optimierung mehrerer normierter Funktionen. Die Funktionswerte F_n berechnen sich aus der Summe der kleinsten Fehlerquadrate nach Gl. 3.28.

$$F_n = \sum_{j=1}^{J} (y_{j,soll} - y_{j,ist})^2 \qquad \text{Gl. 3.28}$$

Dabei werden die quadrierten Abweichungen zwischen den Soll- und Ist-Werten y_j aufsummiert. Durch die Einführung einer Normierung lassen sich die Funktionswerte der Abweichungen für die Regelgrößen Winkel, Winkelgeschwindigkeit und Winkelbeschleunigung direkt miteinander vergleichen und zu einem gesamten Funktionswert zusammenfassen.

Für die Normierung der Funktionswerte F_n werden das sogenannte Pareto-Minimum $F_{n,pareto\ min}$ und das Pareto-Maximum $F_{n,pareto\ max}$ berechnet. Das Pareto Minimum stellt den geringsten Funktionswert dar. Es wird erreicht, wenn die Optimierung der Reglerparameter bezüglich einer der Regelgrößen durchgeführt wird. Unter Berücksichtigung der sich daraus ergebenden Parametersätze aus K_p-, K_i-, und K_d-Anteilen ergibt sich das jeweilige Pareto-Maximum aus dem höchsten Funktionswert. Minimum und Maximum der Regelgrößen bilden die Grenzen des Lösungsraums, in dem sich das Pareto-Optimum befindet.

Tabelle 3.3 zeigt eine Übersicht der Pareto-Minima und Pareto-Maxima sowie die optimierten Parametersätze K_p-, K_i-, und K_d der Gierratenregelung (oben) und Wankgeschwindigkeitsregelung (unten) nach Durchführung einer numerischen Optimierung.

Die Pareto-Minima sind jeweils in Fettschrift markiert. Die unterstrichenen Funktionswerte stellen die Pareto-Maxima dar. Das Pareto-Optimum wird durch die Minimierung der Zielfunktion in Gl. 3.29 beschrieben [37].

$$\min_{K_p, K_i, K_d} \sum_{n=1}^{N_F} w_n \cdot \frac{F_n - F_{n,pareto\ min}}{F_{n,pareto\ max} - F_{n,pareto\ min}} \qquad \text{Gl. 3.29}$$

Tabelle 3.3:   Übersicht der Pareto-Minima (fett) und Pareto-Maxima (unterstrichen) sowie der optimierten Parametersätze K_p-, K_i-, und K_d für die Gier- und Wankregelung

[$K_{p,yaw}$ $K_{i,yaw}$ $K_{d,yaw}$]	$F_1(\psi)$	$F_2(\dot{\psi})$	$F_3(\ddot{\psi})$
[28739 50000 825]	**0,010**	<u>0,129</u>	<u>29,719</u>
[50000 32,2 3000]	<u>0,125</u>	**0,06**	27,451
[50000 0 1808]	0,119	0,07	**24,640**

[$K_{p,roll}$ $K_{i,roll}$ $K_{d,roll}$]	$F_1(\varphi)$	$F_2(\dot{\varphi})$	$F_3(\ddot{\varphi})$
[9065 300000 400]	**0,033**	<u>1,525</u>	<u>505,259</u>
[100000 59430 163]	0,129	**0,258**	125,110
[100000 49113 400]	<u>0,132</u>	0,268	**92,323**

Mit Gl. 3.29 und den Funktionswerten der Pareto-Minima und Pareto-Maxima lassen sich die optimierten Reglerparameter unter Berücksichtigung aller Regelgrößen bestimmen. Mit zusätzlichen Gewichtungsfaktoren w_n kann das Reglerverhalten zwischen den Regelgrößen verändert werden.

Tabelle 3.4 beinhaltet die optimierten Reglerparameter für das Konzept der Torque-Vectoring Querdynamikregelung und der aktiven Wankstabilisierung. Eine einheitliche Gewichtung von $w_1 = w_2 = w_3 = 0,\overline{3}$ sorgt für eine gleichmäßige Berücksichtigung der Regelgrößen.

Tabelle 3.4: Optimierten Reglerparameter der Gierraten- und Wankge-schwindigkeitsregelung

	$\dot{\psi}$-Regelung	$\dot{\varphi}$-Regelung
K_p	50000	55015
K_i	43549	11208
K_d	1965	400
K_g	$0 \div 1$	$0 \div 1$

3.3 Modellierung der fahrbahninduzierten Fahrzeugreaktion

Für die Erzeugung der fahrbahninduzierten Fahrzeugreaktion werden zwei Möglichkeiten verwendet, die im Folgenden erläutert werden. Eine Möglichkeit besteht darin, die Fahrbahnoberfläche der Autobahn zu modellieren und damit eine virtuelle Abbildung des realen Autobahnabschnittes zu erhalten. Dabei gilt es, mit dem erzeugten Oberflächenprofil eine realistische und vergleichbare Auffassung der Vertikalbewegung beim Fahren im Simulator zu erzeugen. Wie in [19] beschrieben wird für die sogenannte Synthetisierung eine permanente, stochastische Straßenanregung verwendet. Sie erfüllt zudem den Zweck der Maskierung und verhindert damit die Entstehung eines realitätsfernen Gefühls, auf einer scheinbar ebenen Fahrbahn zu fahren

Neben der Modellierung der Fahrbahnoberfläche besteht die Möglichkeit, die Aufbaureaktion bei signifikanten Fahrbahnunebenheiten durch eine virtuelle Anregung abzubilden. Hinsichtlich dieser Umsetzung wird die genaue Aufbaubewegung während der Fahrbahnunebenheit mit dem Versuchsfahrzeug gemessen. Im Simulator werden die gemessenen Beschleunigungen umgerechnet und durch äquivalente Kräfte und Momente direkt auf den Fahrzeugaufbau des Modells aufgeprägt.

3.3.1   Stochastische Modellierung der Fahrbahnoberfläche

Die Modellierung der Fahrbahnoberfläche erfolgt über die Synthetisierung der realen Fahrbahn. Mit der Synthetisierung soll beim Befahren eine Aufbau-bewegung erzielt werden, die vor allem hinsichtlich des Wankens der Bewe-gung auf einer realen Straße entspricht. Hierfür wird ein geeigneter Autobahn-abschnitt vermessen. Die Messung wird mit dem ausgerüsteten Versuchs-fahrzeug durchgeführt. Das Versuchsfahrzeug misst während der Autobahn-fahrt unter der konstanten Geschwindigkeit von 180 km/h mit Hilfe der iner-tialen Messheinheit (IMU) den absoluten Wankwinkel und die absolute Vertikalbewegung des Aufbaus. Zudem werden die relativen Abstände des Aufbaus zur Fahrbahnoberfläche durch die Laserabstandssensoren am Fahr-zeugboden erfasst. Durch Subtraktion der absoluten Fahrzeugbewegungen und der Relativbewegung zur Fahrbahn können Straßenwankwinkel und Straßenhubbewegung, im Folgenden Straßenhöhe bezeichnet, berechnet wer-den. Der Straßenwankwinkel und die Straßenhöhe bilden die erforderlichen Informationen für die Synthetisierung. Abbildung 3.13 zeigt beispielhaft den Fahrzeugwankwinkel φ_{IMU}, den relativen Wankwinkel des Aufbaus zur Fahrbahnoberfläche φ_{Laser} und den Straßenwankwinkel φ_{st}.

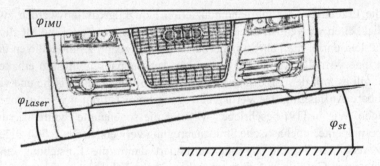

Abbildung 3.13:   Berechnung des Straßenwankwinkels φ_{st} aus dem Fahr-zeugwankwinkel φ_{IMU} und dem relativen Wankwinkel zur Fahrbahn φ_{Laser}

Anhand dieser Informationen kann über die spektrale Leistungsdichte (PSD) die vermessene Fahrbahnoberfläche charakterisiert werden. Der Vorteil bei der Charakterisierung über den Straßenwankwinkel gegenüber der Definition der Welligkeit und des Unebenheitsmaßes in [20] liegt in der genauen Abbildungsmöglichkeit des Wankwinkels. Die Berücksichtigung der Straßenhöhe liefert bei paralleler Radanregung weitere Vertikalgrößen, wie Hub- und Nickbewegung des Aufbaus, die für einen realistischen Fahreindruck im Simulator sorgen.

Die Abbildung 3.14 zeigt die synthetisierten spektralen Leistungsdichten der Straßenhöhe und des Straßenwankwinkels. Es werden je drei Varianten generiert. Die 100-prozentige Anregung steht für das Spektrum des vermessenen Autobahnabschnitts. Die 50-prozentige bzw. 25-prozentige Anregung stellen schwächere Varianten dar, die durch eine entsprechende Skalierung der Straßenhöhe und des Straßenwankwinkels hervorgehen.

Die Synthetisierung der spektralen Leistungsdichten von Straßenwankwinkel und Straßenhöhe basiert auf der Modulation eines weißen Rauschens. Auf Basis der spektralen Leistungsdichte des weißen Rauschens wird durch numerische Integration eine linear abnehmende Leistungsdichte in Abhängigkeit der Anregungsfrequenz erreicht.

Durch eine weitere Hochpassfilterung weisen die Spektren der Straßenhöhe eine Eckfrequenz bei 0,4 Hertz auf. Unterhalb dieser Frequenzen werden die Frequenzanteile gefiltert, um große Amplituden zu vermeiden, die durch das Bewegungssystem des Fahrsimulators nicht gestellt werden können.

Die Eckfrequenz der Spektren für den Straßenwankwinkel liegt bei 0,25 Hertz. Unterhalb dieser Frequenz werden die Straßenwankwinkel durch die natürliche Querneigung der Fahrbahnoberfläche bei Kurvenfahrten auf Autobahnen hervorgerufen [33].

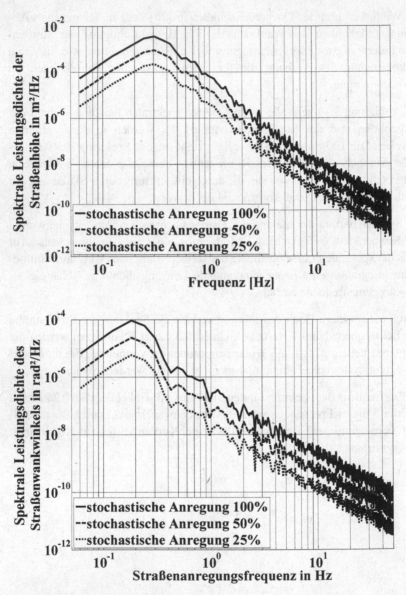

Abbildung 3.14:   Spektrale Leistungsdichten der stochastischen Straßenhöhe (oben) und des Straßenwankwinkels (unten) zur Er-
zeugung maskierender Fahrzeugbewegungen

Unter Berücksichtigung der Kleinwinkelannäherung und der gemittelten Fahrzeugspur $\bar{s}$ lassen sich mit Gl. 3.30 aus Straßenhöhe z_{st} und Straßenwankwinkel φ_{st} die Straßenhöhen der linken und rechten Fahrspur berechnen.

$$z_{st,l} = z_{st} + 0{,}5 \cdot \varphi_{st} \cdot \bar{s}$$

$$z_{st,r} = z_{st} - 0{,}5 \cdot \varphi_{st} \cdot \bar{s}$$

Gl. 3.30

Abbildung 3.15 zeigt die Straßenhöhen der linken und rechten Fahrzeugspur. Zu Beginn einer Simulation befindet sich das Fahrzeug im Inertialsystem auf einer ebenen Fahrbahn mit $\varphi_{st} = 0$ Grad und einer Straßenhöhe von $z_{st}= 0$ Metern. Sobald das Fahrzeug die synthetisierte Fahrbahn befährt, erfolgt die stochastische Anregung. Bei einer stochastische Anregung von 100 % ergeben sich in der Simulation Straßenhöhen von etwa 0,25 Metern und Straßenwankwinkel im Bereich von ±1 Grad. Geringere Intensitäten von 50 % und 25 % ergeben geringere Fahrzeugreaktionen. Zwischen jeder Höheninformation der linken und rechten Spur erfolgt eine Geradeninterpolation.

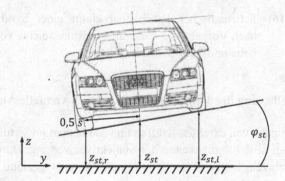

Abbildung 3.15: Berechnung der Straßenhöhe der linken und rechten Spur durch die gemittelte Fahrzeugspur $\bar{s}$ und der synthetisierten Straßenhöhe z_{st}

Abbildung 3.16 zeigt einen beispielhaften synthetisierten Straßenabschnitt nach Vorgabe der spektralen Leistungsdichten.

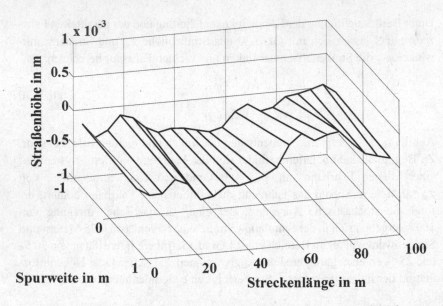

Abbildung 3.16: Schematischer Fahrbahnabschnitt einer Synthetisierung nach Vorgabe der spektralen Leistungsdichte von Straßenhöhe und Straßenwankwinkel

3.3.2   Modellierung der Fahrzeugreaktion durch virtuelle Anregung

Die direkte Eingabe von externen Kräften und Momenten im virtuellen Fahrversuch eröffnet neue Möglichkeiten der Subjektivbewertung. Durch die Anregung des Fahrzeugsaufbaus im Schwerpunkt können gezielte Varianten durch Änderung der Kräfte und Momente erzeugt werden, die der Proband im Fahrsimulator unmittelbar bewertet.

Im ersten Schritt erfolgt die messtechnische Erfassung der Fahrzeugbewegung auf einem repräsentativen Autobahnabschnitt. Innerhalb des Abschnittes befindet sich eine signifikante Anregung in Form einer Querfuge auf der Straßenoberfläche, die das Versuchsfahrzeug beim Befahren in Bewegung versetzt. Das untersuchte Ereignis befindet sich dabei in einer Kurve mit konstantem Radius. Die Messgeschwindigkeit von 180 km/h wird während der Versuchsfahrt konstant gehalten. Bei dieser Geschwindigkeit wird eine Intensität der Fahrzeugreaktion erreicht, die den Fahrkomfort beeinträchtigt. Bei Überfahrt erfolgt eine wechselseitige Einfederung des linken und rechten Rades. Die

zeitlich hintereinander folgende Einfederung der Achse veranlasst den Fahrzeugaufbau zu einer Wankbewegung. Zusätzlich erzeugen Kinematik und
Elastokinematik der Achse eine Änderung der Spur- und Sturzwerte. Es
werden folglich zusätzliche Reifenseitenkräfte induziert, die den Fahrzeugaufbau zum Gieren bewegen. Das Resultat ist eine gekoppelte Gier- und Wankbewegung des Fahrzeugs. Abbildung 3.17 zeigt eine Fahrzeugaufbaumessung
der Wank- und Gierbeschleunigung beim Befahren der Querfuge. Die Cha-
rakteristik der gemessenen Gier- und Wankbeschleunigung ähnelt einer ge-
dämpften sinusförmigen Schwingung. Im Vergleich zur Wankbeschleunigung
sind die Maxima der Gierbeschleunigung geringer, treten jedoch zeitlich frü-
her auf.

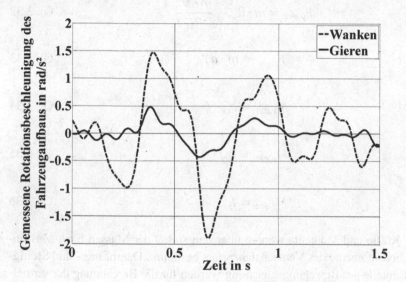

Abbildung 3.17: Gemessene Wank- und Gierbeschleunigung des Fahrzeugaufbaus beim Befahren der Querfuge

Die Aufbaubewegung soll den Fahrer nicht dazu veranlassen, kompensatori-
sche Lenkeingriffe zu unternehmen. Der Aufwand der Lenkradbewegung gilt
daher als gering einzuschätzen [24]. Die durchgeführten Testfahrten auf der
realen Autobahn bestätigen diese Annahme. Es werden keine nennenswerten
Lenkkorrekturen der Fahrer während der Überfahrt der Unebenheit getätigt.
Erfolgte Lenkeingaben dienen nach Angaben der Fahrer dazu, der Trajektorie
der Autobahnkurve zu folgen. Die gemessenen Gier- und Wankbewegungen

werden hauptsächlich als Reaktion infolge der fahrbahninduzierten Störgröße und nicht infolge einer fahrerinduzierten Lenkreaktion angenommen.

Die gemessenen Beschleunigungsreaktionen in Abbildung 3.17 werden durch äquivalent wirkende Kräfte und Momente am Fahrzeugaufbau hervorgerufen. Hierfür werden die gemessenen sechs Fahrzeugaufbaubeschleunigungen während des Ereignisses in drei Kräfte und drei Momente umgerechnet. Gl. 3.31 bis Gl. 3.36 zeigen die Berechnung der notwendigen Kräfte und Momente.

$$F_{x,ext} = m \cdot a_x \qquad\qquad\qquad \text{Gl. 3.31}$$

$$F_{y,ext} = m \cdot a_y - \frac{m \cdot v^2}{R_{st}} \qquad\qquad \text{Gl. 3.32}$$

$$F_{z,ext} = m \cdot a_z \qquad\qquad\qquad \text{Gl. 3.33}$$

$$M_{x,ext} = I_{xx} \cdot \ddot{\varphi} \qquad\qquad\qquad \text{Gl. 3.34}$$

$$M_{y,ext} = I_{yy} \cdot \ddot{\vartheta} \qquad\qquad\qquad \text{Gl. 3.35}$$

$$M_{z,ext} = I_{zz} \cdot \ddot{\psi} \qquad\qquad\qquad \text{Gl. 3.36}$$

Die Kräfte und Momente werden über den Anteil der Massen bzw. Massenträgheitsmomente des Versuchsfahrzeugs bestimmt. Dämpfungs- und Steifigkeitsanteile der Bewegungsgleichung werden für die Berechnung der virtuellen Anregung nicht berücksichtig, da die Bestimmung dieser Anteile mit einem erheblichen Rechen- und Modellierungsaufwand einhergehen. Die Kräfte und Momente wirken in der Simulation direkt auf den Fahrzeugaufbauschwerpunkt CG und erzeugen die gewünschte Aufbaubewegung. Für die Berechnung der Querkraft $F_{y,ext}$ in Gl. 3.32 wird der in der Realität vorkommende stationäre Anteil der Querbeschleunigung im Versuch subtrahiert, da dieser im Simulator während des Kurvenverlaufs der Strecke durch ein Kippen der Simulatorkuppel zu Stande kommt.

Durch die Anregung im Schwerpunkt wird erreicht, dass die Aufbaureaktion nicht durch die Wahl der Trajektorie des Fahrers beeinflusst wird. Eine Querfuge, die hingegen geometrisch modelliert und örtlich der Fahrbahnoberfläche zugewiesen wird, stellt eine gewisse Abhängigkeit zur fahrerindividuellen Trajektorie dar. Je nachdem, wie die Trajektorie gewählt wird, ändern sich der Auftreffwinkel zum Zeitpunkt der Überfahrt und damit die Fahrzeugaufbaureaktion. Die externe Anregung am Schwerpunkt des Aufbaus erfolgt hingegen unabhängig und folglich reproduzierbar und begünstigt die subjektive Bewertung des Fahrers. Die Entkopplung ermöglicht zudem eine unabhängige Variation der Anregungsimpulse und der stochastischen Straßenanregung. Die Bewegungsrichtungen können im Einzelnen oder kombiniert bewertet werden.

Abbildung 3.18 zeigt die simulierte Fahrzeugaufbaureaktion der Wank- und Gierbeschleunigung. Die Anregung im Fahrzeugschwerpunkt erfolgt über das berechnete Wank- und Giermoment in Gl. 3.34 und Gl. 3.36.

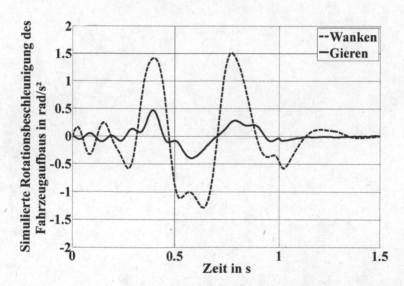

Abbildung 3.18: Simulierte Wank- und Gierbeschleunigung des Fahrzeugaufbaus durch virtuelle Wank- und Giermomente im CG angeregt

Im Vergleich zur gemessenen Fahrzeugreaktion zeigt das simulierte Ergebnis vergleichbare Beschleunigungsverläufe. Erste Tests im Fahrsimulator bestätigen, dass Testfahrer die beiden Bewegungsrichtungen subjektiv differenzieren können. Trotz der fehlenden Impulse in den übrigen vier Freiheitsgraden wird die Aufbaureaktion für realistisch gehalten.

Es gilt bei dieser Herangehensweise zu beachten, dass durch die Berechnung nach Gl. 3.31 bis Gl. 3.36 keine vollständige Trennung der Fahrzeugbewegungsrichtungen stattfindet. Die Bewegungsrichtungen stehen durch das Fahrwerk in Wechselwirkungen zueinander. Ein auf den Fahrzeugaufbau wirkendes Wankmoment hat beispielsweise aufgrund der Eigenschaft des Rollsteuerns Einfluss auf die Querbewegung des Fahrzeugs. Die Einflüsse der Wechselwirkungen sind im Rahmen des Versuchs jedoch gering und werden durch die stochastische Straßenanregung maskiert, sodass sie für diesen Versuch vernachlässigt werden können.

4 Untersuchung der gekoppelten Gier- und Wankbewegung

Das folgende Kapitel beschreibt die Herangehensweise sowie die Versuchs-durchführung zur Untersuchung der gekoppelten Gier- und Wankbewegung. Die Untersuchung gliedert sich in drei Abschnitte und wird in Abbildung 4.1 dargestellt.

Abbildung 4.1: Herangehensweise zur Untersuchung der gekoppelten Gier- und Wankbewegung im Fahrsimulator

Auf Basis des Autobahnszenarios wird im ersten Schritt die subjektive Wahr-nehmung der Bewegungsgrößen durch die Erzeugung von Wahrnehmungs-schwellen festgestellt. Es folgen subjektive Bewertungen der gekoppelten Gier- und Wankbewegung mit virtuellen Kräften und Momenten, die im Fahr-zeugschwerpunkt des Basisfahrzeugs angreifen. Hierzu werden Varianten der Anregung erzeugt und erste Einflüsse auf das Subjektivempfinden festgestellt. Die weiterführende Untersuchung mit fahrbahninduzierten Anregungen stellt eine realistische Gesamtsimulation dar, auf dessen Basis eine Optimierung der resultierenden Gier-Wank-Kopplung durchgeführt wird. Die Verwendung der Torque-Vectoring Regelung und der aktiven Wankstabilisierung ermöglichen dabei die Beeinflussung der beiden Bewegungsrichtungen. Die Optimierung wird während der Versuchsfahrt vom Fahrer durch die Auswahl verschiedener Reglerkonfigurationen durchgeführt. Die Einstellungen und resultierende Fahrzeugreaktionen können unmittelbar bewertet werden.

© Springer Fachmedien Wiesbaden GmbH, ein Teil von Springer Nature 2020
M.-T. Nguyen, *Subjektive Wahrnehmung und Bewertung fahrbahninduzierter Gier- und Wankbewegungen im virtuellen Fahrversuch*, Wissenschaftliche Reihe Fahrzeugtechnik Universität Stuttgart, https://doi.org/10.1007/978-3-658-30221-4_4

Die virtuellen Fahrversuche finden im Stuttgarter Fahrsimulator statt. Für die Entwicklung der Methode werden die Fahrversuche mit einem Probandenkollektiv durchgeführt. Das Probandenkollektiv setzt sich aus sieben Person mit erweiterten Kenntnissen der Fahrdynamik zusammen. Alle Probanden weisen Erfahrung bei der subjektiven Beurteilung im Fahrsimulator auf.

4.1   Wahrnehmungsschwellen der Gier- und Wankbewegung

Mit den Untersuchungen der Wahrnehmungsschwellen im Fahrsimulator wird in erster Linie festgestellt, ab wann eine Gier- und Wankbewegung im Fahrzeug wahrgenommen werden kann. Im Gegensatz zu bisherigen Untersuchungen wird eine Versuchsdurchführung angewendet, die einen deutlichen Bezug zum Fahren aufweist. Hierbei wird der Fahrer mit der Aufgabe der Fahrzeugführung konfrontiert. Die Simulation des Grafik- und Bewegungssystems im Fahrsimulator erzeugt die notwendigen Informationen für einen realistischen Gesamteindruck des Fahrens. Während der Versuchsfahrt erfährt der Fahrer extern aufgeprägte Gier- und Wankimpulse. Für diesen Zweck wird das Modell der Fahrzeuganregung durch virtuelle Kräfte und Momente aus 3.3.2 verwendet. Die Definition der virtuelle Wank- und Gieranregung erfolgt gemäß Gl. 3.34 und Gl. 3.36. Im Folgenden werden nur diese Anregungen dem Fahrzeugaufbau aufgeprägt. Die übrigen vier Anregungen werden dem Fahrer nicht bereitgestellt. Somit hat er die Möglichkeit, sich auf die Bewertung der Wank- und Gierbewegung zu konzentrieren ohne subjektiv durch weitere Anregungsrichtungen beeinflusst zu werden.

Die Intensität der Anregungen wird dabei variiert. Daraus ergeben sich für den Fahrer sowohl spürbare, als auch nicht spürbare Aufbaureaktionen. Die stochastische Fahrbahnmodellierung aus 3.3.1 dient der Maskierung und der Erzeugung einer realistischen Vertikalbewegung des Fahrzeugs.

4.1.1   Versuchsdurchführung

Der virtuelle Fahrversuch findet auf einer zweispurigen Autobahn statt. Die Versuchsgeschwindigkeit beträgt nach [24] 180 km/h. Während des Versuchs wird der Fahrer mit der Aufgabe der Spurhaltung konfrontiert. Dabei befährt er eine Klothoide[1] mit einer Länge von 30 Kilometern und einem minimalen Kurvenradius von 833 Metern. Tabelle 4.1 zeigt einen Überblick der Versuchsparameter zur Ermittlung der Wahrnehmungsschwellen.

Tabelle 4.1: Versuchsparameter für die Ermittlung der Wahrnehmungsschwellen

	Gierimpuls $M_{z,ext}$	Wankimpuls $M_{x,ext}$
Impulsanzahl	90	90
Skalierungsfaktor	$0 \div 2$	$0 \div 2$
Stoch. Straßenspektrum	25 %, 50 %, 100 %	25 %, 50 %, 100 %
Vertikalanregung $a_{z,RMS}$	$0 \div 1 \text{ m/s}^2$	$0 \div 1 \text{ m/s}^2$
Strecke	Klothoide links	Klothoide links
Streckenlänge	30 km	30 km
Min. Kurvenradius $R_{st,min}$	833 m	833 m
Max. stat. Querbeschl. $a_{y,max}$	3 m/s²	3 m/s²
Versuchsgeschwindigkeit v	180 km/h	180 km/h
Testdauer	10 min	10 min

Die Ausführung eines Streckenverlaufs der Klothoide erlaubt beim Befahren mit konstanter Geschwindigkeit eine quasistationäre Kurvenfahrt mit stetig steigender Querbeschleunigung. Es ergeben sich Querbeschleunigungen bis

---

[1] Spiralkurve mit immer kleiner werdendem Krümmungsradius

zu 3 m/s². Während der zehnminütigen Fahrzeit erfährt der Fahrer in unregelmäßigen Abständen den wiederkehrenden Impuls des Wankmoments $M_{x,ext}$ aus Gl. 3.34 bzw. Giermoments $M_{z,ext}$ aus Gl. 3.36.

Die Anregungsamplitude wird während des Versuchs durch einen linearen Skalierungsfaktor zufällig variiert, so dass sich unterschiedliche Intensitäten der Aufbaureaktion einstellen. Die Variation der Querbeschleunigung und dem damit verbundenen Kurvenradius wird durch den Verlauf der Klothoide vorgeben. Ist die Impulsintensität der Anregung groß genug, kann die Fahrzeugaufbaureaktion vom Fahrer wahrgenommen werden. Eine zu geringe Intensität hingegen wird vom Fahrer nicht wahrgenommen, da die Aufbaureaktion durch die stochastische Fahrbahnanregung vollständig maskiert wird und damit unterhalb der Wahrnehmungsschwelle liegt.

Während der Versuchsfahrt signalisiert der Fahrer durch Betätigung einer Lenkradtaste „+", ob ein Impuls spürbar ist. Durch die Bedienung der Lenkradtasten wird eine herkömmliche Aktivität des Fahrers während der Fahrzeugführung ermöglicht. Neben der Fahrzeugführung und der Detektierung der Reize werden dem Fahrer keine weiteren Aufgaben der Versuchsdurchführung zugewiesen.

Für die Wank- und Gierbewegungsrichtung werden jeweils drei Testfahrten auf der Klothoide mit den unterschiedlichen Intensitätsstufen der stochastischen Straßenanregung von 25 %, 50 % und 100 % aus Kapitel 3.3.1 durchgeführt.

Nach Ablauf der drei Testfahrten erfolgt die Befragung des Probanden durch einen Fragebogen. Neben der quantitativen Auswertung der Lenkradtastenbetätigung werden über den Fragebogen qualitative Subjektiveindrücke des Fahrers abgefragt. Der Fragebogen unterteilt sich in zwei Teilbereiche. Zum einen gibt der Proband Auskunft über die Realitätsnähe der wahrgenommenen Gier- und Wankimpulse. Zum anderen bewertet er die Wahrnehmbarkeit der Impulse in Abhängigkeit der permanenten Straßenanregung. Ein Muster des Fragebogens kann dem Anhang A1 entnommen werden.

4.1.2 Auswertung der Wahrnehmungsschwellen

Als Maße der Aufbaureaktion dient jeweils die maximale Beschleunigungs-amplitude des Impulses. Für die Quantifizierung der vorherrschenden stochas-tischen Straßenanregung wird hingegen der RMS-Wert der Vertikalbeschleu-nigung gebildet. Mit den stochastischen Straßenanregungen ergeben sich RMS-Werte der Vertikalbeschleunigung bis zu $a_{z,RMS} = 1$ m/s². Abbildung 4.2 und Abbildung 4.3 zeigen beispielhaft einen Gier- und Vertikalbeschleu-nigungsverlauf unter Einwirkung zweier Gierimpulse bei einer stochastischen Anregung von 25 %.

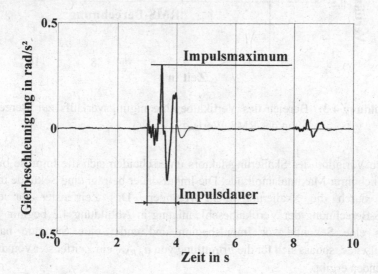

Abbildung 4.2: Zwei Gierbeschleunigungsimpulse mit unterschiedlicher Skalierung maskiert durch die stochastische Straßenanre-gung

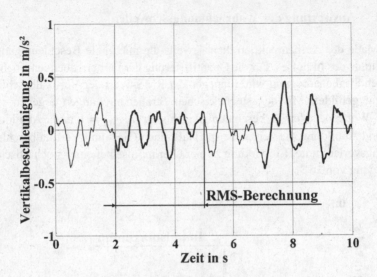

Abbildung 4.3: Bereich des Vertikalbeschleunigungsverlaufs zur Berechnung des RMS-Werts $a_{z,RMS}$

Durch Variation des Skalierungsfaktors unterscheiden sich die Impulse hinsichtlich ihrer Maximalamplitude. Die Impulsdauer beträgt eine Sekunde und
wird durch die Skalierung nicht verändert. Das Zeitfenster für die
RMS-Berechnung der Vertikalbeschleunigung in Abbildung 4.3 beginnt jeweils eine Sekunde vor Impulsbeginn und endet eine Sekunde nach
Impulsende, sodass sich für die Ermittlung von $a_{z,RMS}$ ein Zeitfenster von drei
Sekunden ergibt.

Um die Wahrnehmungsschwellen der Gier- und Wankbewegung zu bestimmen, werden die Beschleunigungsamplituden der einzelnen Impulse herangezogen. Es liegt nahe, dass der Fahrer einen Beschleunigungsimpuls durch dessen Amplitudenhöhe wahrnimmt. Die Beschleunigungsamplituden werden in
Abhängigkeit des RMS-Wertes der Vertikalbeschleunigung dargestellt. Es ergeben sich Funktionen der Wahrnehmungsschwelle für die Gier- und Wankbeschleunigung in Abhängigkeit der stochastischen Straßenanregung.
Abbildung 4.4 und Abbildung 4.5 zeigen das Ergebnis für drei Versuchsfahrten auf der Klothoidenbahn mit den stochastischen Straßenanregungen von
25 %, 50 % und 100 %.

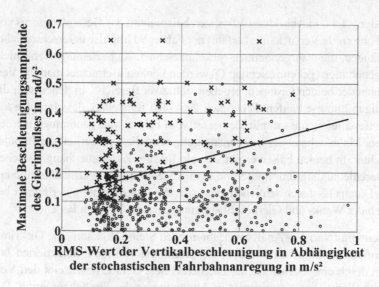

Abbildung 4.4: Wahrnehmungsschwelle der Gierbewegung in Abhängigkeit der stochastischen Fahrbahnanregung

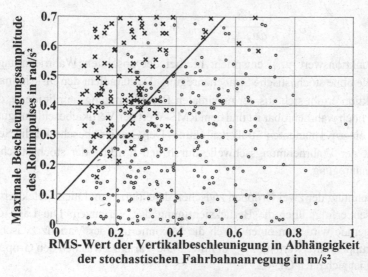

Abbildung 4.5: Wahrnehmungsschwelle der Wankbewegung in Abhängigkeit der stochastischen Straßenanregung

Abbildung 4.4 und Abbildung 4.5 zeigen beispielhaft das Gesamtergebnis von zwei Fahrern. Je Versuchsfahrt erfährt der Fahrer 90 Impulse unterschiedlicher Amplituden, die wahrgenommen (gekennzeichnet: X) beziehungsweise nicht wahrgenommen (gekennzeichnet: O) werden können. Betrachtet man die Verteilungen der beiden Gruppen, ergeben sich zwei Bereiche, in denen sich die jeweiligen Impulse häufen. Prinzipiell lässt sich feststellen, dass Impulse mit hoher Beschleunigungsamplitude besser vom Fahrer wahrgenommen werden können. Mit zunehmender Straßenanregung wird die Spürbarkeit der Impulse schlechter. In beiden Fällen ergibt sich ein linearer Zusammenhang zwischen der Beschleunigungsamplitude und dem RMS-Wert der Vertikalbeschleunigung. Daraus lässt sich schließen, dass sich die Wahrnehmung der Fahrer bezüglich der Wank- und Gierbeschleunigung zusammenfassen lässt.

Mit dem multivariaten Analyseverfahren nach Stein [38] kann eine Diskriminantenfunktion berechnet werden, die detektierte von nicht detektierten Impulsen durch eine Gerade trennt. Die berechnete Gerade beschreibt den Verlauf der Wahrnehmungsschwelle in Abhängigkeit der Straßenanregung. Die allgemeine Form der Geradengleichung ist gegeben durch Gl. 4.1. Damit lässt sich der Funktionswert $y_{\hat{\omega}}$ der Wahrnehmungsschwelle berechnen.

$$y_{\hat{\omega}} = \frac{d\hat{\omega}}{da_{z,rms}} \cdot a_{z,rms} + y_{\hat{\omega},0} \qquad \text{Gl. 4.1}$$

Der Funktionswert $y_{\hat{\omega},0}$ entspricht hierbei der absoluten Wahrnehmungsschwelle ohne stochastische Straßenanregung. Der Gradient der Diskriminantenfunktion ergibt sich aus der maximalen Beschleunigungsamplitude $\hat{\omega}$, die gerade noch wahrnehmbar ist und dem RMS-Wert der Vertikalbeschleunigung $a_{z,rms}$ einer permanenten Straßenanregung. Der Gradient beschreibt die Sensitivität der Wahrnehmungsschwelle durch den Einfluss der stochastischen Straßenanregung.

Die Trennung der zwei Gruppen zwischen detektierten und nicht detektierten Impulsen erfolgt über die Berücksichtigung der Varianzen. Die Lage der Trenngerade wird zum einen durch die Maximierung der Varianz zwischen den Gruppenmittelwerten var_{zw} definiert. Die Varianz zwischen den Gruppen berechnet sich nach Gl. 4.2.

$$var_{zw} = \frac{1}{N_{group}} \sum_{i=1}^{N_{group}} (\overline{y}_i - \overline{y})^2 \qquad \text{Gl. 4.2}$$

Der Wert $\overline{y}$ berechnet sich aus dem arithmetischen Mittelwert aller Impulse. Die Mittelwerte $\overline{y}_i$ stehen für die arithmetischen Mittelwerte der wahrgenommenen bzw. nicht wahrgenommenen Impulse.

Zum anderen wird die Minimierung der Varianzen innerhalb der Gruppen var_{inn} angestrebt. Die Varianz innerhalb einer Gruppe berechnet sich nach Gl. 4.3.

$$var_{inn} = \frac{1}{N_{imp,i}} \sum_{j=1}^{N_{imp,i}} (\overline{y}_{ij} - \overline{y}_i)^2 \qquad \text{Gl. 4.3}$$

Hierbei wird die Differenz zwischen jedem Impuls einer Gruppe $\overline{y}_{ij}$ und dem Gruppenmittelwerte $\overline{y}_i$ berechnet und über die Anzahl der Impulse einer Gruppe $N_{imp,i}$ die Summe des quadratischen Mittelwerts gebildet.

Die optimale Lage der Trenngerade ergibt sich damit aus der Maximierung der Zielfunktion in Gl. 4.4 [38].

$$\max_{\frac{d\hat{\omega}}{da_{z,rms}}, y_{\dot{\omega},0}} \left(\frac{var_{zw}}{\sum var_{inn}} \right) \qquad \text{Gl. 4.4}$$

Durch numerische Optimierung ergeben sich die Funktionen der Wahrnehmungsschwellen für die Gier- und Wankbewegung zu Gl. 4.5 und Gl. 4.6.

$$y_{\ddot{\psi}} = 0{,}27 \cdot a_{z,rms} + 0{,}12 \qquad \text{Gl. 4.5}$$

$$y_{\ddot{\varphi}} = 1{,}10 \cdot a_{z,rms} + 0{,}08 \qquad \text{Gl. 4.6}$$

Die absoluten Wahrnehmungsschwellen der Gier- und Wankbeschleunigung für $a_{z,rms} = 0$ m/s² lassen sich mit den Werten vorangegangener Literaturen in Tabelle 2.2 vergleichen. Die Wahrnehmungsschwellen werden durch die Intensität der permanenten Fahrbahnanregung beeinflusst. Es zeigt sich, dass mit zunehmender spektraler Unebenheitsdichte die Wahrnehmungsschwelle der Gier- und Wankbewegung steigt und damit die subjektive Spürbarkeit dieser Fahrzeugbewegungen abnimmt.

Abbildung 4.6 zeigt die Wankimpulse in Abhängigkeit der stationären Querbeschleunigung beim Befahren der Klothoidenbahn unter einer stochastischen Straßenanregung von 25 %. Innerhalb des gesamten Querbeschleunigungsbereichs der Klothoide werden Impulse ab einer Amplitude von ca. 0.25 rad/s² wahrgenommen. Eine Trenngerade zwischen den wahrgenommenen bzw. nicht wahrgenommenen Impulsen weist praktisch keinen Gradienten auf. Ein signifikanter Einfluss des Kurvenradius und der damit verbundenen Querbeschleunigung auf die Wahrnehmungsschwelle kann nicht nachgewiesen werden.

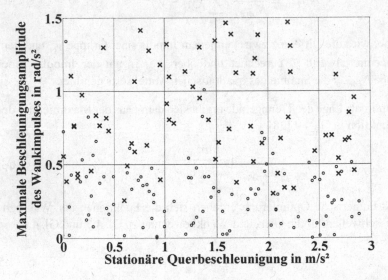

Abbildung 4.6: Wankimpulse in Abhängigkeit der stationären Querbeschleunigung bei einer stochastischen Straßenanregung von 25 %

Es gilt jedoch zu berücksichtigen, dass der stationäre Wankwinkel infolge der Querbeschleunigung aus der Einfederung der kurvenäußeren und der Ausfederung der kurveninneren Räder hervorgeht. Befährt das Fahrzeug eine stationäre Kurve, führen die Radlastdifferenzen und die Achskinematik zu einer Änderung der Schräglaufwinkel und der Reifenseitenkräfte. Mit steigender

Querbeschleunigung resultiert eine Veränderung der Gierreaktion. Zudem kann das nichtlineare Verhalten fahrwerkbegrenzender Komponenten, wie z.B. Zug- und Druckanschläge der Dämpfung, verstärkt bemerkbar werden. Die Veränderung des Kurvenradius und der damit resultierenden stationären Querbeschleunigung üben somit keinen direkten Einfluss auf die Wahrnehmungsschwelle aus. Eine Änderung der Querbeschleunigung bei gleichem Impuls wird genauer gesagt die Fahrzeugaufbaureaktion geringfügig ändern. Die geänderte Impulsreaktion tritt in Abbildung 4.4 bzw. Abbildung 4.5 als Punkt mit geänderter Position im Diagramm auf. Die Änderung entspricht theoretisch einer Verschiebung des Punktes in x- und y-Richtung. Der verschobene Punkt wird dann gegebenenfalls wahrgenommen oder nicht.

Über den Gradienten der Diskriminantenfunktion können neue Aussagen über die Wahrnehmung der Fahrzeugbewegung getroffen werden. Die Wahrnehmungsschwelle der Wankbeschleunigung weist im Vergleich zur Gierbeschleunigung einen höheren Gradienten auf. Folglich werden bei steigender Fahrbahnanregung Gierbeschleunigungen vom Fahrer besser wahrgenommen. Die Impulse der Wankbeschleunigung lassen sich bei höheren Straßenanregungen schwieriger identifizieren. Durch die Erhöhung der Straßenanregung werden größere Amplituden der Fahrbahnoberfläche erzeugt, die durch gegenseitiges Einfedern der Räder größere Fahrzeugwankwinkel hervorrufen. Diese Fahrzeugwankwinkel verstärken den Effekt der Maskierung, so dass die subjektive Wahrnehmung des Wankimpulses erschwert wird. Der Gierimpuls hingegen kann deutlicher wahrgenommen werden, da die Gierbewegungsrichtung nur indirekt durch die spektrale Unebenheitsdichte beeinflusst wird.

Bei realen Fahrversuchen auf dem Autobahnabschnitt wird die Fahrzeugwankbewegung dominant wahrgenommen. Betrachtet man die gemessene Gier-Wank-Reaktion des Fahrzeugaufbaus in Abbildung 3.17, lässt sich die subjektive Aussage der Fahrer durch die höhere maximale Wankbeschleunigungen der Messung bestätigen. Mit den Kenntnissen der Wahrnehmungsschwellen kann berücksichtigt werden, dass mit abnehmender Qualität der Fahrbahnoberfläche auftretende Gierbewegungen vermehrt vom Fahrer wahrgenommen werden können und damit den Fahrkomfort verschlechtern. Für die Bewertung einer gekoppelten Gier-Wank-Bewegung lässt sich feststellen, dass die Gier- und Wankbeschleunigung nicht im gleichen Maße wahrgenommen werden.

Es liegt demnach nahe, den subjektiven Einfluss der gekoppelten Gier-Wank-Bewegung näher zu untersuchen. Hierbei stellt sich die Frage, wie sich die Zusammensetzung bzw. Änderung der Gier- und Wankbewegungen auf die Subjektivbewertung des Fahrers auswirkt.

4.2   Bewertung der Gier- und Wankbewegung durch virtuelle Anregung

Mit der Methode virtueller Anregungsimpulse in Kapitel 3.3.2 werden Untersuchungen zur gekoppelten Gier- und Wankbewegung durchgeführt. Bei den Untersuchungen soll festgestellt werden, welche Faktoren der Anregung Einfluss auf die Subjektivbeurteilung der Gier-Wank-Kopplung ausüben und wie diese durch den Fahrer bewertet werden.

Für die Einflussanalyse werden die Fahrzeuganregungen variiert. Der Fahrer erfährt die Reaktion und bewertet diese subjektiv. Wird eine ausreichende Anzahl an Fahrzeugreaktionen bewertet, kann eine Korrelation der Subjektivbewertung und der objektiven Daten erfolgen.

Prinzipiell ist eine Variation durch die Änderung der Straßenoberflächengeometrie des Ereignisses möglich. Das veränderte Ereignis führt dann zu einer Änderung der Fahrzeugbewegung. Eine gezielte Änderung der Aufbaubewegung hinsichtlich einer Bewegungsrichtung lässt sich dabei nur schwer realisieren. Die resultierende Aufbaubewegung hängt stets mit der Dynamik des gesamten Fahrzeugs zusammen, so dass einzelne Bewegungsrichtungen des Aufbaus wie etwa die Wank- und Gierbewegung nicht direkt in Zusammenhang mit einer Geometrie eines Schlaglochs oder einer Querrille der Fahrbahn gebracht werden können. Zusätzlich gilt es den Einfluss der fahrerindividuellen Trajektorienwahl zu beachten.

Eine gezielte Variation der Fahrzeugreaktionen durch virtuelle Anregung scheint hier sinnvoller. Aus diesem Grund werden auf Basis der Gier- und Wankmomente in Gl. 3.34 und Gl. 3.36 Varianten der Anregung erzeugt und im Versuch bewertet.

Die Erzeugung der Varianten erfolgt zum einen durch die Änderung der Anregungsamplituden. Sowohl die Untersuchung der Wahrnehmungsschwellen in Kapitel 4.1 als auch [24] bestätigen die Bedeutsamkeit der Anregungs-amplitude hinsichtlich der subjektiven Wahrnehmung des Fahrers. Daher wird die Variation des Amplitudenverhältnisses zwischen der Gier- und Wank-anregung durchgeführt und bewertet. Über die Amplitudenvariation der beiden Anregungen soll festgestellt werden, ob bestimmte Amplitudenverhältnisse vom Fahrer präferiert bzw. eher abgewertet werden.

Zum anderen wird die Phasenverschiebung zwischen der Gier- und Wankbewegung untersucht. Die Versuche in [22] zeigen einen Zusammenhang zwischen der zeitlichen Abfolge der Gier- und Wankanregung und der Subjektivbewertung. Sie werden jedoch über Lenkeingriffe des Fahrers herbeigeführt und erfolgen damit fahrerinduziert. Nach wie vor gilt es, die fahrbahninduzierte Phasenverschiebung zwischen der Gier- und Wankbewegung zu untersuchen. Es soll festgestellt werden, ob ein Zusammenhang auch bei fahrbahnindizierten Anregungen existiert und sich dieser vom fahrerindizierten unterscheidet.

4.2.1 Variation des Amplitudenverhältnisses und der Phasenverschiebung

Anhand der gemessenen Gier- und Wankmomente und unter Verwendung von Gl. 3.34 und Gl. 3.36 werden die Amplitudenvariationen der Gier- und Wankmomente M_x und M_z für diesen Versuch gebildet und dem Fahrzeugmodell aufgeprägt. Die resultierende Fahrzeugbewegung wird dann durch den Fahrer im Fahrsimulator bewertet. Nach Definition einer Basisanregung erfolgt die Variation durch prozentuale Skalierung der Amplitude. Der Skalierungsfaktor *skal* entspricht hierbei der prozentualen Änderung der jeweiligen Gier- und Wankanregung bezüglich einer Basisanregung.

Die beiden Bewegungsrichtungen Gieren und Wanken werden nach Gl. 4.7 und Gl. 4.8 stets gegensinnig variiert, sodass eine Zunahme der Anregung einer Bewegungsrichtung die Abnahme der anderen Anregungsrichtung zur Folge hat. Die virtuelle Anregung $M_{x,ext}$ wird hierbei mit dem konstanten Skalierungsfaktor *skal* multipliziert. Eine Vergrößerung des Skalierungsfaktors vergrößert das virtuelle Wankmoment $M_{x,ext}$ *, während das virtuelle Giermoment $M_{z,ext}$ * verringert wird.

$$M_{x,ext} \mathrel{*}= M_{x,ext} \cdot \left(\frac{100 + skal}{100}\right) \qquad \text{Gl. 4.7}$$

$$M_{z,ext} \mathrel{*}= M_{z,ext} \cdot \left(\frac{100 - skal}{100}\right) \qquad \text{Gl. 4.8}$$

Durch die gegensinnige Skalierung der beiden Amplitudenverläufe kann die resultierende Intensität der Gesamtbewegung auf den Fahrzeugaufbau annäherungsweise beibehalten werden. Wird nur eine Anregungsrichtung skaliert, ergibt sich eine Änderung der Gesamtintensität, die das Ergebnis der Subjektivbewertung des Fahrers beeinflusst. Der Fahrer bewertet dann fälschlicherweise die hohe bzw. niedrige Gesamtintensität der Fahrzeugbewegung, jedoch nicht die Zusammensetzung der Gier- und Wankbewegung. Eine deutliche Änderung der Gesamtintensität gilt es demnach zu vermeiden.

Abbildung 4.7 zeigt beispielhaft zwei Fahrzeugreaktionen der Gier- und Wankbeschleunigung durch eine Variation der Skalierung des Amplitudenverhältnisses um ±30 % relativ zur Basisanregung in Abbildung 3.18.

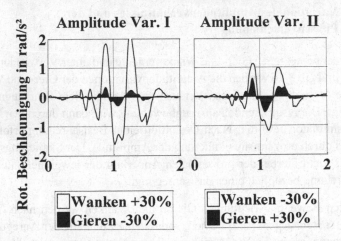

Abbildung 4.7: Zwei Fahrzeugreaktionen hervorgerufen durch die Variation des Amplitudenverhältnisses der Anregung um ±30 % relativ zur Basisanregung

Auf der linken Seite der Abbildung wird die Fahrzeugreaktion auf eine Erhöhung der Wankmomentanregung um 30 % und eine Verringerung der Giermomentanregung um 30 % dargestellt (Amplitude Var. I). Die Abbildung auf der rechten Seite (Amplitude Var. II) beinhaltet die Verringerung der Wankmomentanregung um 30 % bei gleichzeitiger Erhöhung der Giermomentanregung um 30 %. Durch die die Erhöhung oder Verringerung der Impulsanregung ergeben sich höhere bzw. geringere Beschleunigungsamplituden in der entsprechenden Bewegungsrichtung.

Bei der Variation der Phasenverschiebung handelt es sich um eine Veränderung des zeitlichen Ablaufs zwischen dem Beginn der Gier- und dem Beginn der Wankanregung. Die Anregungsamplitude wird bei dieser Variation nicht verändert. Die simulationstechnische Umsetzung erfolgt über ein Verzögerungsglied zwischen dem Beginn des Gier- und Wankimpulses.

Abbildung 4.8 zeigt zwei resultierende Fahrzeugreaktionen der Gier- und Wankbeschleunigung in Abhängigkeit der Phasenverschiebungen zwischen der Gier- und Wankanregung. Auf der linken Seite ist die Fahrzeugreaktion auf einen vorzeitigen Wankimpuls um -100 Millisekunden dargestellt (Phase Var. 1). Die Abbildung auf der rechten Seite (Phase Var. 2) zeigt die Verzögerung des Wankimpulses um 100 Millisekunden, sodass der Gierimpuls zeitlich vor dem Wankimpuls stattfindet.

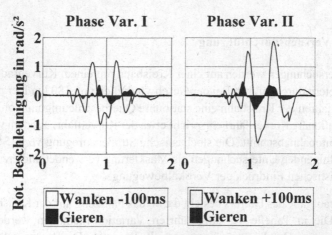

Abbildung 4.8: Zwei Fahrzeugreaktionen hervorgerufen durch die Phasenverschiebung zwischen der Gier- und Wankmomentanregung um ±100 ms

Abbildung 4.7 und Abbildung 4.8 bestätigen die Möglichkeit, durch Variation der virtuellen Anregungsmomente, das Amplitudenverhältnis und die Phasenverschiebung zwischen Gieren und Wanken gezielt zu ändern. Insgesamt werden je sieben verschiedene Anregungen bestehend aus der Basisanregung und sechs Anregungsvarianten bewertet. Die Tabelle 4.2 beinhaltet eine Übersicht der Anregungsvarianten.

Tabelle 4.2:   Übersicht der Anregungsvarianten zur Untersuchung der Gier-Wank-Kopplung im Fahrsimulator

Variations-methode	Varianten						
Anregungs-amplitude Gieren/ Wanken	-90 %/ +90 %	-60 %/ +60 %	-30 %/ +30 %	100 % Basis	+30 %/ -30 %	+60 %/ -60 %	+90 %/ -90 %
Phasen-verschiebung Gieren/ Wanken	-0,50 s	-0,25 s	-0,10 s	0 s Basis	+0,10 s	+0,25 s	+0,50 s

4.2.2   Versuchsdurchführung

Die Untersuchungen werden auf einer Kreisbahn mit einem Kurvenradius von 1250 Metern durchgeführt. Bei der Geschwindigkeit von 180 km/h ergibt sich beim Befahren der Kreisbahn eine stationäre Querbeschleunigung von 2 m/s^2. Diese stationäre Kurvenfahrt entspricht etwa der Kurvenfahrt auf dem vermessenen Autobahnabschnitt. Die stochastische Straßenanregung von 25 % wird bei den folgenden Untersuchungen als Maskierung verwendet und erzeugt einen realistischen Eindruck der Vertikalbewegung.

Die Fahraufgabe des Fahrers besteht darin, das Fahrzeug auf der Kreisbahn zu halten. Die in Tabelle 4.2 aufgeführten Variationsmethoden werden dem Fahrer in zwei Durchgängen bereitgestellt. Im ersten Durchgang erfährt der Fahrer die sieben verschiedenen Gier-Wank-Anregungen der Amplitudenvariationen. Die Anregungsvarianten werden nach einer Gleichverteilung zufällig gewählt. Für jede Anregung stehen dem Fahrer fünf Sekunden zu Verfügung, um seine Subjektivbewertung abzugeben. Die Bewertung erfolgt über die Betätigung der Lenkradtasten. Um den Fahrer während des Versuchs nicht durch Subjektivbefragungen abzulenken, wird ihm stets eine Entscheidungsfrage mit drei Antwortmöglichkeiten gestellt. Hierbei wird unterschieden, ob der Fahrer die eben wahrgenommene Fahrzeugbewegung für angemessen befindet (Taste „+"), eine neutrale Haltung einnimmt (Taste „o"), oder diese eher ablehnt (Taste „-"). Jede Entscheidung wird durch die Betätigung einer Taste mitgeteilt. Kann der Fahrer sich innerhalb der fünf Sekunden nicht entscheiden und betätigt keine Taste, entspricht dieses Verhalten einer neutralen Haltung.

Insgesamt erfährt der Fahrer in einem zehnminütigen Durchgang 120 Impulse mit sieben verschiedenen Ausprägungen, für die er eine Bewertung abgibt. Im zweiten Durchgang wird die gleiche Versuchsdurchführung mit den Impulsvarianten der Phasenverschiebung verwendet.

Nach Ablauf der beiden Durchgänge erfolgt die Befragung des Probanden durch einen Fragebogen. Der Fragebogen unterteilt sich in vier Teilbereiche und kann dem Anhang A2 entnommen werden.

Zum einen wird der generelle Eindruck der Gier- und Wankbewegungen des Fahrzeugs bewertet. Der Fahrer hat hierbei die Möglichkeit, den Realismusgrad der Bewegungen zu kommentieren. Er kann darauf eingehen, ob das Gieren und Wanken im Einzelnen wahrnehmbar und dem Autobahn-szenario entsprechend erwartungsgemäß erscheint.

Zum anderen wird die Differenzierbarkeit der Impulsvarianten abgefragt. Der Fahrer gibt dabei Auskunft über die subjektive Unterscheidbarkeit zwischen den sieben Impulsvarianten.

Zusätzlich werden die beiden Variationsmethoden kommentiert. Dabei beschreibt der Fahrer seine subjektiven Eindrücke bezüglich der jeweiligen Methode und teilt mit, ob die Variation des Amplitudenverhältnisses bzw. der Phasenverschiebung nachvollziehbar ist.

Zudem hat der Fahrer die Möglichkeit, seine subjektiven Entscheidungen zu begründen und zu erläutern, weshalb er bestimmte Impulse für annehmbar hält bzw. subjektiv ablehnt.

4.2.3   Subjektive Bewertung der Anregungen

Die Subjektivbewertung wird je Impulsvariante aus der Anzahl der betätigten drei Lenkradtasten $n_{imp}(+), n_{imp}(o), n_{imp}(-)$ aller Fahrer berechnet und mit der Gesamtanzahl der auftretenden Impulse n_{imp} ins Verhältnis gesetzt.

Die Quotienten werden mit Gewichtungsfaktoren $w(+)$, $w(o)$, $w(-)$ der bewerteten Impulse multipliziert und ergeben summiert die Subjektivbewertung. Die Subjektivbewertung einer j-ten Impulsvariante berechnet sich nach Gl. 4.9.

$$SB_j = w(+) \frac{n_{imp}(+)}{n_{imp}} + w(o) \frac{n_{imp}(o)}{n_{imp}} + w(-) \frac{n_{imp}(-)}{n_{imp}} \qquad \text{Gl. 4.9}$$

Um eine bessere Differenzierung der Subjektivbewertungen zwischen den einzelnen Impulsen zu erzielen, wird die Gewichtung $w(+) = 5$, $w(o) = 1$, $w(-) = -3$ eingeführt. Der am besten bewertete Impuls erhält durch Normierung den Wert Eins während der am schlechtesten bewertete Impuls dem Wert 0 zugeordnet wird.

Im Rahmen der Variation des Amplitudenverhältnisses können die unterschiedlichen Varianten vom Probanden differenziert werden. Auch das geänderte Amplitudenverhältnis der Variante kann vom Probanden nachvollzogen werden, sodass eine Änderung der Anregungsamplitude auch als solche wahrgenommen wird. Die Fahrzeugreaktionen der Impulsvarianten erscheinen den Fahrern plausibel und sind mit den realen Fahrzeugbewegungen auf der Autobahn vergleichbar. Die Abbildung 4.9 zeigt die Subjektivbewertung SB und Standardabweichung aller Probanden in Abhängigkeit der verschiedenen Impulsvarianten des Amplitudenverhältnisses.

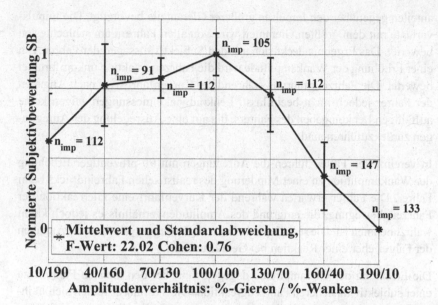

Abbildung 4.9: Subjektivbewertung und Standardabweichung der Probanden bezüglich der Impulsvarianten (n_{imp}: Anzahl der Impulse) des Amplitudenverhältnisses.

Die Auswertung der Tastenbetätigungen ergibt, dass die Probanden die Impulsvarianten erfahrungsgemäß eher neutral bewerten. Impulse, die eine deutlich wahrnehmbare Änderung in positiver oder negativer Hinsicht bewirken,
werden entsprechend angemessen bewertet oder abgelehnt.

Das Amplitudenverhältnis %-Gieren / %-Wanken in Abbildung 4.9 stellt das
Verhältnis zwischen dem Gier- und Wankimpuls dar. Die prozentuale Angabe
100 % / 100 % bezieht sich auf den Basisimpuls. Links davon sind die Impulse
mit geringerem Gieranteil und höherem Wankanteil abgebildet. Rechts des
Basisimpulses sind die Fahrzeuganregungen mit höheren Gierbeschleunigungen und geringeren Wankbeschleunigungen zu sehen.

Das Ergebnis der Subjektivbewertung in Abbildung 4.9 stellt dar, welche Impulsvarianten durch den Fahrer präferiert bzw. abgewertet werden. Impulse
mit großem Anteil einer Bewegungsrichtung (10 % / 190 % bzw. 190 % /
10 %) werden negativ bewertet. Generell werden Impulse mit erhöhten Wank-

anteilen gegenüber den Impulsen größerer Gieranteile bevorzugt. Die Impuls-variante mit dem größten Gieranteil wird von allen Fahrern am schlechtesten bewertet. Das Ergebnis deckt sich mit den Subjektivaussagen der Fahrer. Bei einer Erhöhung der Wankamplitude wird die Fahrzeugreaktion unkomfortabel bewertet. Die Fahrzeugführung während der Kurvenfahrt wird nach Angaben der Fahrer jedoch nicht beeinflusst. Lenkradwinkelmessungen zeigen keine auffälligen Lenkeingaben des Fahrers, die auf eine Ausregelung der Anregungen zurückzuführen sind.

In vereinzelten Fällen führen die Anregungen mit 90-prozentiger Erhöhung der Wankamplitude zu einer Minderung des realistischen Fahreindrucks beim Fahrer. Die Fahrer erwarten während der Kurvenfahrt eine Gierreaktion der Fahrzeugbewegung, die aufgrund des Amplitudenverhältnisses jedoch kaum wahrzunehmen ist. Die resultierende Fahrzeugbewegung ähnelt nach Angaben der Fahrer eher einer Reaktion bei Geradeausfahrt.

Die Erhöhung der Gieramplitude dagegen führt bei den meisten Fahrern zu einer subjektiv unsicheren Fahrzeugreaktion. Die Testfahrer fühlen sich in ih-rer Fahrzeugführung durch die Anregung gestört, da die Gierreaktion direkten Einfluss auf den Kurs des Fahrzeugs ausübt.

Es lässt sich ein Verhältnis zwischen der Gier- und Wankanregung feststellen, dass von den Probanden am besten bewerten wird. Die höchste Bewertung erhält die Basisanregung mit dem Verhältnis zwischen Gieren und Wanken von 100 % / 100 %.

Um statistisch festzustellen, ob eine generelle Signifikanz zwischen der Im-pulsänderung und der Subjektivbewertung vorliegt, wird der F-Wert nach Gl. 4.10 berechnet [39].

$$F = \frac{\frac{QS_{zw}}{df_{zw}}}{\frac{QS_{inn}}{df_{inn}}} \qquad \text{Gl. 4.10}$$

Der F-Wert berechnet sich aus der einfaktoriellen Varianzanalyse ANOVA, die die Varianzen zwischen den Impulsvarianten mit den Varianzen innerhalb eines bewerteten Impulses ins Verhältnis setzt. Die Varianz zwischen den Im-pulsvarianten berechnet sich aus der Quadratsumme QS_{zw} in Gl. 4.11.

$$QS_{zw} = \sum_{j}^{N_{imp}} N_{Fahrer}(SB_j - \overline{SB})^2 \qquad \text{Gl. 4.11}$$

Die gemittelte Subjektivbewertung je Impulsvariante SB_j berechnet sich aus den Bewertungen aller Fahrer N_{Fahrer} hinsichtlich einer Impulsvariante. Die gemittelte Gesamtsubjektivbewertung $\overline{SB}$ ergibt sich aus dem Mittel der Bewertungen aller Fahrer und aller Impulsvarianten N_{imp}.

Der Faktor df_{zw} zwischen den Impulsen lässt sich über die Anzahl der Impulsvarianten N_{imp} nach Gl. 4.12 berechnen.

$$df_{zw} = N_{imp} - 1 \qquad \text{Gl. 4.12}$$

Die Varianz innerhalb einer Impulsvariante berechnet sich aus der Quadratsumme QS_{inn} in Gl. 4.13. Die gemittelte Subjektivbewertung SB_{ij} bezieht sich hierbei auf den jeweiligen i-ten Fahrer

$$QS_{inn} = \sum_{j}^{N_{imp}} \sum_{i}^{N_{Fahrer}} (SB_{ij} - SB_j)^2 \qquad \text{Gl. 4.13}$$

Der dazugehörige Faktor df_{inn} ergibt sich nach Gl. 4.14 aus der Anzahl der Fahrer sowie der Anzahl der Impulsvarianten.

$$df_{inn} = \sum_{j}^{N_{imp}} (N_{Fahrer} - 1) \qquad \text{Gl. 4.14}$$

Für einen Wert $F \leq 1$ ist kein signifikanter Einfluss zwischen den untersuchten Größen festzustellen. Steigt nach Gl. 4.10 die Quadratsumme zwischen den Impulsvarianten bzw. sinkt die Quadratsumme innerhalb einer Impulsvariante, vergrößert sich der F-Wert. Die Wahrscheinlichkeit eines signifikanten Einflusses steigt dabei mit positiv zunehmendem F-Wert. Ab einem F-Wert von $F > 1$ kann von einem signifikanten Zusammenhang zwischen der Gier-Wank-Bewegung und der Subjektivbewertung der Fahrer ausgegangen werden. Für die Untersuchung des Amplitudenverhältnisses zwischen der Gier- und Wankanregung ergibt sich ein F-Wert von 22,02. Demnach ist die Wahrscheinlichkeit einer Signifikanz gegeben [40].

Der Zahlenwert F gibt jedoch keinen Rückschluss auf die Einflussstärke. Um den quantitativen Effekt der Amplitudenänderung auf die Subjektivbewertung feststellen zu können, wird der Effekt nach Cohen η^2 in Gl. 4.15 berechnet [39].

$$\eta^2 = \frac{F \cdot df_{zw}}{F \cdot df_{zw} + df_{inn}} \qquad \text{Gl. 4.15}$$

$\eta^2 > 0{,}01$ kleiner Effekt

$\eta^2 > 0{,}06$ mittlerer Effekt

$\eta^2 > 0{,}14$ großer Effekt

Die Variation des Amplitudenverhältnisses zeigt mit $\eta^2 = 0{,}76$ einen großen Effekt auf das subjektive Empfinden der Gier-Wank-Kopplung. Das Amplitudenverhältnis zwischen Gieren und Wanken stellt damit ein mögliches Objektivierungskriterium der fahrbahninduzierten Fahrzeugreaktion dar.

Auf Basis der Subjektivbewertung und der gemessenen Reaktionen des Fahrzeugaufbaus wird eine Korrelation durchgeführt. Die Korrelation erfolgt durch lineare Regression mit dem Pearson Korrelationskoeffizienten [40]. Durch ihn kann festgestellt werden, ob der Zusammenhang zwischen subjektiven und objektiven Daten linear ist. Die Abbildung 4.10 zeigt eine erzielte Korrelation mit einem Korrelationskoeffizienten von Pearson = 0,96, der auf eine Linearität zwischen den subjektiven Bewertungen und objektiven Daten deutet.

Das Ergebnis der Korrelation zeigt eine Kombination aus zwei objektiven Werten und setzt sich dabei aus der Peak-to-Peak Amplitude der Gierbeschleunigung $PtP_{\ddot{\psi}}$ und dem Skalierungsfaktor $skal$ zusammen und ergibt sich zu Gl. 4.16.

$$OC_{amp} = skal \cdot PtP_{\ddot{\psi}} \qquad \text{Gl. 4.16}$$

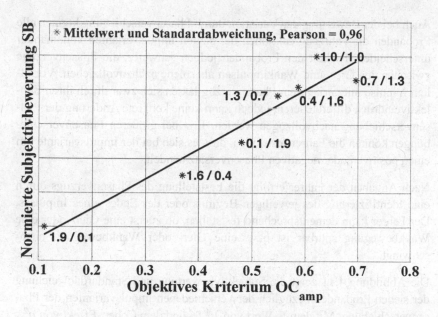

Abbildung 4.10:   Korrelation zwischen der Impulsbewertung der Amplitudenvariation und des objektiven Kriteriums OC_{amp}

Mit steigendem Skalierungsfaktor vergrößert sich die Anregung der Wankbeschleunigung prozentual bei gleichzeitiger Verringerung der Gieranregung. Unter Berücksichtigung des Kriteriums OC_{amp} wird der Impuls besonders gut bewertet, wenn bei großem Skalierungsfaktor dennoch eine ausreichende Gierreaktion hervorgerufen wird, die zu einer harmonischen Kopplung beider Bewegungsrichtungen führt. Im Umkehrschluss werden die untersuchten Impulse subjektiv abgewertet, wenn zwar ein hoher Skalierungsfaktor vorliegt, die Gierreaktion jedoch im Verhältnis sehr gering ausfällt. Analog verhält es sich mit einem sehr geringen Skalierungsfaktor bei gleichzeitig starker Gierreaktion. Das Kriterium zeigt damit einen Zusammenhang beider Reaktionen, die das Subjektivempfinden des Fahrers beeinflussen. Es gilt zu berücksichtigen, dass das Kriterium OC_{amp} in Gl. 4.16 lediglich das Ergebnis einer ersten Korrelation im Rahmen der Untersuchungen zeigt und somit keine vollständige Objektivierung darstellt. Dennoch kann eine deutliche Korrelation festgestellt werden.

Auch bei der Bewertung der Variation durch Phasenverschiebung können alle Probanden die Fahrzeugreaktionen der sieben Impulsvarianten voneinander unterscheiden. Es fällt den Probanden jedoch schwerer, die Phasenverzüge zwischen den Gier- und Wankimpulsen als solche nachzuvollziehen. Vor allem Impulse mit geringerem Phasenverzug lassen sich zwar durch ihren Subjektiveindruck differenzieren, jedoch kann keine konkrete Änderung der Phasenverschiebung nachvollzogen werden. Erst bei größeren Phasenverschiebungen können die Fahrer feststellen, dass es sich bei der Impulsvariante um einen positiven oder negativen Phasenversatz handelt.

Nach Angaben der Fahrer erfolgt die Feststellung des Phasenverzugs durch eine Identifizierung des jeweiligen Beginns oder des Endes eines Impulses. Der Fahrer kann dementsprechend feststellen, ob zuerst eine Gier- oder eine Wankbewegung spürbar ist bzw. eine Gier- oder Wankbewegung nachschwingt.

Die Abbildung 4.11 zeigt die Subjektivbewertung und Standardabweichung der sieben Probanden bezüglich der verschiedenen Impulsvarianten der Phasenverschiebung. Mit dem F-Wert von 17,56 und dem Cohen-Effekt von $\eta^2 = 0,71$ übt die Phasenverschiebung zwischen Gier- und Wankimpuls einen signifikanten Einfluss auf die Subjektivbewertung aus.

Ausgehend vom Basisimpuls in Abbildung 4.11, werden Impulse mit einem vorzeitigen Wankimpuls von -0,1 Sekunden deutlich bevorzugt. Die Impulse mit einem nachfolgenden Wankimpuls von 0,1 Sekunden relativ zum Basisimpuls werden dagegen schlechter bewertet.

Erfolgt die Gierbewegung deutlich vor der Wankbewegung, bezeichnen die Fahrer die Fahrzeugreaktion als unerwartet und seltsam. Die Auswertung der Subjektivbewertung anhand der Lenkradtasten zeigt für eine positive Phasenverschiebung von 0,50 Sekunden den am schlechtesten bewerteten Impuls des Versuchs.

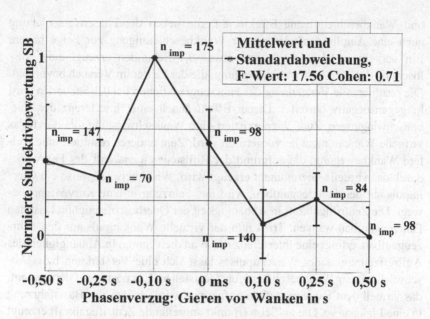

Abbildung 4.11: Subjektivbewertung und Standardabweichung der Probanden bezüglich der Impulsvarianten der Phasenverschie-
bung

Bei einer negativen Phasenverschiebung zwischen Gieren und Wanken kommt
es zu einer verspäteten Gierreaktion, die nach dem Abklingen der Wankbewegung noch spürbar ist. Das Nachschwingen der Gierbewegung verursacht bei
den Fahrern ein Gefühl der Unsicherheit und führt zur Abwertung. Zudem
wird die Dauer der Fahrzeugreaktion auf den Anregungsimpuls bemängelt, da
sich durch eine Phasenverschiebung die Gesamtdauer der Fahrzeugreaktion
verlängert.

Im Gegensatz zur Variation des Amplitudenverhältnisses lässt sich kein ein-
deutiger Zusammenhang zwischen der Phasenverschiebung und der
Subjektivbewertung feststellen. Demnach führt eine kontinuierliche Änderung
der Phasenverschiebung zu keiner stetigen Verbesserung bzw. Verschlechterung der Bewertung.

Auf Basis der Ergebnisse gilt anzunehmen, dass die Änderung der Phase eine
vom Fahrer unerwartete Fahrzeugreaktion hervorruft. Wie in Abbildung 4.8
zu sehen ist, treten bei der Variation der Phasenverschiebung zwischen Gier-

und Wankbeschleunigung Effekte auf, die neben der Phasenverschiebung auch eine Amplitudenänderung der Wankbeschleunigung zur Folge haben. Ein vorzeitiger Wankimpuls von etwa -0,1 Sekunden erzeugt eine Auslöschung der Gier- und Wankbewegung, die der Fahrer im Versuch bevorzugt. Die resultierende Verstärkung der Fahrzeugreaktionen bei 0,1 Sekunden wird hingegen negativ bewertet. Dieser Effekt ähnelt einer Interferenz der Aufbauschwingungen. Zum einen existiert eine Wankschwingung, die durch das virtuelle Wankmoment hervorgerufen wird. Zum anderen resultiert eine weitere Wankbewegung, die aufgrund der Rollsteuereigenschaft des Fahrwerks durch das virtuelle Giermoment erzeugt wird. Wirkt beispielsweise ein Gierimpuls auf den Fahrzeugaufbau, wird das Fahrzeug in eine Kurvenfahrt bewegt. Die Zentrifugalkraft in Abhängigkeit der Querbeschleunigung lässt den Fahrzeugaufbau wanken. Trifft nun der virtuelle Wankimpuls auf den Fahrzeugaufbau, erfolgt eine Interferenz der Wankbewegung. In Abhängigkeit des Auftreffzeitpunkts des Wankimpulses lässt sich eine Verstärkung bzw. Abschwächung der Wankbeschleunigung feststellen. Ein positives Giermoment, das virtuell dem Fahrzeugaufbau aufgeprägt wird, zwingt das Basisfahrzeug in eine Linkskurve. Die im Schwerpunkt angreifende Zentrifugalkraft erzeugt ein Moment um die Wankachse, das den Fahrzeugaufbau in positiver Richtung zum Wanken bewegt. Ein zusätzliches virtuelles Wankmoment mit positiver Richtung führt in Abbildung 4.8 (rechts) mit einer Phasenverschiebung um +100 Millisekunden zu einer Verstärkung der Wankbeschleunigung. Durch eine Phasenverschiebung um -100 Millisekunden (links) treffen positive und negative Wankamplituden aufeinander. Das Resultat ist eine Abschwächung der resultierenden Wankbeschleunigung. Es scheint naheliegend, dass der Fahrer nicht nur die erwünschte Phasenverschiebung im Versuch bewertet, sondern auch die durch Interferenz hervorgerufenen Amplitudenänderungen der Anregung unbewusst in sein Subjektivurteil mit einbezieht.

Mit den Subjektivbewertungen und der gemessenen Reaktionen des Fahrzeugaufbaus wird eine Korrelation durchgeführt. Die Abbildung 4.12 zeigt die Korrelation für die Impulse der Phasenverschiebung.

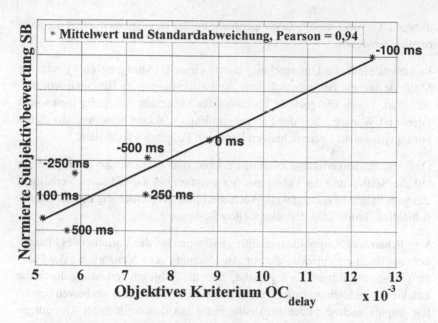

Abbildung 4.12: Korrelation zwischen der Impulsbewertung der Phasenverschiebung und des objektiven Kriteriums OC_{delay}

Das Ergebnis der Korrelation zeigt eine Kombination aus zwei objektiven Werten und setzt sich dabei aus der Peak-to-Peak Amplitude der Gierbeschleunigung $PtP_{\ddot{\psi}}$ und der Dauer zwischen dem Maximum und Minimum der auftretenden Wankbeschleunigung $t(PtP_{\ddot{\varphi}})$ zusammen und ergibt sich zu Gl. 4.17.

$$OC_{delay} = \frac{1}{t(PtP_{\ddot{\varphi}}) \cdot PtP_{\ddot{\psi}}}$$ Gl. 4.17

Trotz des Einflusses der Interferenzeffekte zeigt die Korrelation der bewerteten Impulse einen Korrelationskoeffizienten von Pearson = 0,94. Die Impulse mit einer kürzeren Dauer zwischen dem Maximum und Minimum der Wankbeschleunigung $t(PtP_{\ddot{\varphi}})$ werden vom Fahrer besser bewertet. Zusätzlich wird dabei eine geringe Peak-to-Peak Amplitude der Gierbeschleunigung $PtP_{\ddot{\psi}}$ bevorzugt. Auch bei der Variation der Phasenverschiebung gilt zu berücksichtigen, dass das Kriterium OC_{delay} in Gl. 4.17 keine vollständige Objektivierung darstellt. Dennoch ist ein Zusammenhang beider Bewegungen durch die Korrelation bewiesen.

Insgesamt stellt die Untersuchung durch virtuelle Anregung eine geeignete Methode dar, die fahrbahninduzierte Aufbaubewegung im Fahrsimulator darzustellen. Durch die gezielte Variation der virtuellen Anregung lassen sich Gier- und Wankreaktion des Fahrzeugaufbaus wirksam bewerten. Durch die vorangegangenen Untersuchungen lässt sich Folgendes feststellen:

Das Amplitudenverhältnis zwischen Gieren und Wanken übt einen Einfluss auf die Beurteilung der Fahrer aus. Es existiert ein signifikantes Verhältnis, das vom Fahrer bevorzugt wird. Auch die Phasenverschiebung beeinflusst die subjektive Beurteilung der gekoppelten Bewegung.

Verglichen zum Amplitudenverhältnis entstehen bei der Variation des Phasenverzugs Interferenzeffekte, die zur Auslöschung oder Verstärkung der Fahrzeugbewegung führen. Es liegt nahe, dass die Subjektivbewertung durch die Effekte maßgeblich beeinflusst wird. Entsprechend zeigt der am besten bewertete Impuls auch die höchste Auslöschung mit den niedrigsten Anregungsamplituden.

Im Folgenden soll festgestellt werden, ob die Fahrzeugreaktion hinsichtlich des Amplitudenverhältnisses optimiert werden kann. Hierzu wird die Fahrzeugbewegung nicht durch virtuelle Kräfte und Momente erzeugt, sondern durch die stochastische Modellierung der Fahrbahnoberfläche. Die resultierende Aufbaureaktion soll unter Anwendung der in Kapitel 3.2 vorgestellten Fahrdynamikregelsystemen optimiert werden.

4.3   Optimierung der Gier- und Wankbewegung

Für die Untersuchungen wird das Basisfahrzeug aus 3.1 mit den aktiven Fahrdynamikregelsystemen aus 3.2 verwendet. Des Weiteren erfolgt die Anregung des Fahrzeugs nicht über virtuelle Momente, sondern über die stochastische Straßenmodellierung aus Kapitel 3.3.1.

Die daraus resultierende Aufbaubewegung soll hinsichtlich des Amplitudenverhältnisses zwischen der Gier- und Wankbewegung optimiert werden. Die Beeinflussung der Gierreaktion wird durch die Vorgabe des Giermoments

$M_{z,soll}$ erreicht und über die Torque-Vectoring Regelung durch Antriebsmomentverteilung umgesetzt. Die Beeinflussung der Wankreaktion erfolgt über die Vorgabe des Wankmoments $M_{x,soll}$, das über die aktive Wankstabilisierung realisiert wird. Während der Versuchsfahrt erfährt der Proband vier Fahrzeugvarianten mit verschiedenen Reglerkonfigurationen, die in Tabelle 4.3 aufgeführt sind.

Tabelle 4.3: Überblick der Reglerkonfigurationen

Reglerkonfiguration	$\dot{\varphi}$-Regelung K_g	$\dot{\psi}$-Regelung K_g
Variante A	0	0
Variante B	1	0
Variante C	(1)	1
Variante D	1	1

Variante A mit deaktivierter TV-Regelung und deaktivierter Wankstabilisierung entspricht dem Basisfahrzeugmodell. Variante B nutzt die aktive Wankstabilisierung mit dem Ziel der Minimierung auftretender Wankreaktionen. Variante C nutzt die TV-Regelung zur Minimierung der auftretenden Gierreaktionen. Zudem wird das fahrbahninduzierte Wankmodell für die Vorgabe des Wankverhaltens hinzugezogen, sodass die aktive Wankstabilisierung lediglich die hervorgerufenen Wankreaktionen durch das Giermoment ausregelt. Variante D nutzt beide Systeme zur Minimierung der fahrbahninduzierten Gier- und Wankreaktion.

Der Versuchsplan enthält insgesamt 80 Fahrzeuge mit jeweils einer der vier Reglerkonfigurationen. Die Reglerkonfigurationen im Versuchsplan sind zufällig gewählt und unterliegen einer Gleichverteilung. Es wird im Versuchsplan ausgeschlossen, dass sich eine Variante unmittelbar wiederholt.

4.3.1   Versuchsdurchführung

Die Versuchsfahrt im Fahrsimulator findet auf einer stationären Kreisbahn statt. Mit dem Kurvenradius von 1250 Metern und einer Geschwindigkeit von 180 km/h ergibt sich eine stationäre Querbeschleunigung von 2 m/s². Die stochastische Fahrbahnoberfläche von 100 % (Kapitel 3.3.1) regt das Fahrzeug dabei permanent an. Bei den Probanden erzeugt die Anregung den Eindruck einer realistischen Autobahnkurvenfahrt. Entstehende Wankbeschleunigungen $y_{\ddot{\varphi}}$ und Gierbeschleunigungen $y_{\ddot{\psi}}$ befinden sich nach Gl. 4.18 und Gl. 4.19 nahe der Wahrnehmungsschwellen. Vereinzelte Amplituden der Wank- und Gierbeschleunigung erreichen die Wahrnehmungsschwelle, sodass diese auch als Impulse vom Fahrer wahrgenommen werden können.

$$y_{\ddot{\psi}} \leq 0{,}27 \cdot a_{z,rms} + 0{,}12 \qquad\qquad \text{Gl. 4.18}$$

$$y_{\ddot{\varphi}} \leq 1{,}10 \cdot a_{z,rms} + 0{,}08 \qquad\qquad \text{Gl. 4.19}$$

Die Anteile permanenter Anregungen sind im Vergleich zu den impulsartigen Anregungen subjektiv größer. Damit fällt dem Probanden die Subjektivbewertung der Aufbaubewegung aufgrund des Adaptionsverhaltens schwer [7] [8] [19]. Im Unterschied zu Kapitel 4.2.2 wird daher anstelle der absoluten Bewertung der Varianten eine relative Bewertungsmethode durchgeführt.

Der Fahrer bewertet die Fahrzeugvarianten durch Betätigung der Lenkradtasten, während er mit der Aufgabe der Kurshaltung beschäftigt ist. Er hat wiederum drei Möglichkeiten der Bewertung und entscheidet, ob er die Reaktion der Fahrzeugvariante besser (Taste „+"), gleich (Taste „o"), oder schlechter (Taste „-") als die vorher getestete Variante findet. Durch zwei weitere Betätigungstasten am Lenkrad („>>" und „<<") kann der Fahrer innerhalb des Versuchsplans beliebig zwischen den Fahrzeugvarianten wählen. Nach 80 bewerteten Fahrzeugen wird der Versuch beendet. Die maximale Versuchsdauer wird auf 60 Minuten festgelegt, um Symptome der Simulatorkrankheit zu vermeiden [12]. Schafft es der Proband nicht, die 80 Fahrzeuge innerhalb der maximalen Versuchsdauer zu bewerten, wird der Versuch beendet und die bisher bewerteten Varianten berücksichtigt.

4.3.2 Auswertung und Diskussion

Auf Basis der relativen Bewertungsmethode ergeben sich aus den vier Regler-konfigurationen insgesamt sechs mögliche Paarungen, die ein Proband im Laufe der 80 getesteten Fahrzeuge mehrmalig bewertet. Für jede Regler-konfiguration existieren drei Paarungen, sodass jede Konfiguration mit den übrigen drei Konfigurationen verglichen wird.

Ähnlich einer Turnierform erhalten die Konfigurationen in Abhängigkeit der Paarung eine bestimmte Anzahl an Tastenbetätigungen für eine bessere, gleiche oder schlechtere Fahrzeugreaktion. Tabelle 4.4 beinhaltet die Gesamt-bewertungen der Reglerkonfigurationen.

Tabelle 4.4: Subjektive Bewertung der Reglerkonfigurationen

Reglerkonfiguration	Paarweiser Vergleich + / o / -	*SB*
Variante A	0/0/3	0,00
Variante B	1/0/2	0,06
Variante C	2/0/1	0,83
Variante D	3/0/0	1,00

Die mittlere Spalte der Tabelle 4.4 zeigt den paarweisen Vergleich mit den übrigen drei Konfigurationen. Für den paarweisen Vergleich werden alle Be-wertungen *SB* einer Paarung addiert. Die Bewertung errechnet sich aus Gl. 4.9 und den Gewichtungsfaktoren aus Kapitel 4.2.3. Anhand der Bewertung lässt sich für jede Paarung feststellen, welche Konfigurationen besser oder schlech-ter ist, beziehungsweise ob beide Konfigurationen einer Paarung die gleiche Bewertung erhalten.

Die rechte Spalte beinhaltet die normierte Gesamtbewertung *SB* einer Konfiguration und berechnet sich aus allen abgegeben Bewertungen hinsichtlich einer Konfiguration.

Abbildung 4.13 zeigt die Fahrzeugaufbaureaktionen der vier Konfigurationen während der Versuche.

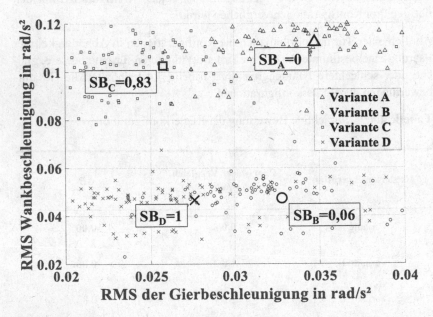

Abbildung 4.13: RMS-Werte der Fahrzeugaufbaureaktionen und gemittelter RMS-Gesamtwert der vier getesteten Reglerkonfigurationen

Jeder Punkt setzt sich aus den RMS-Werten der Wank- und Gierbeschleunigungen zusammen. Die Berechnung der RMS-Werte bezieht sich auf die Fahrt mit jeweils einer Variante. Mit den durchgeführten Versuchsfahrten ergeben sich Punktewolken, die in Abbildung 4.13 jeweils gekennzeichnet sind. Aus den RMS-Werten einer Variante lässt sich ein gemittelter RMS-Gesamtwert berechnen. Der Gesamtwert wird in Abbildung 4.13 vergrößert dargestellt.

Variante A mit der normierten Subjektivbewertung *SB* = 0 erhält im Vergleich zu den anderen Konfigurationen die niedrigste Bewertung. Die Aufbaureaktionen sind für die Probanden deutlich spürbar.

Variante B mit aktiver Wankstabilisierung verringert die gemittelte Wank-beschleunigung auf $\ddot{\varphi}_{rms}$ = 0,047 rad/s². In Summe wird die Variante dadurch besser bewertet.

Mit der Bewertung SB = 0,83 wird die Variante C von den Probanden bevor-zugt. Die Gierbeschleunigung wird auf $\ddot{\psi}_{rms}$= 0,026 rad/s² verringert. Die In-tensität der Wankreaktion bleibt im Vergleich zum Basisfahrzeug nahezu er-halten. Probanden empfinden die Gierreaktion des Fahrzeugs als angenehm und sicher. Zudem wird die Gierreaktion auch bei Einlenkbewegungen aus der stationären Fahrt gelobt. Grund dafür ist das erweiterte Einspurmodell der Querdynamikregelung (Kapitel 3.2.1). Die Vorgabe des Gierens über das er-weiterte Einspurmodell ermöglicht nicht nur die Regelung der fahrbahn-induzierten Reaktionen. Wie auch [25] gezeigt hat, wird darüber hinaus das fahrdynamische Gierverhalten des parametrisierten Einspurmodells dem Ver-suchsfahrzeug übertragen. Anhand des Übertragungsverhaltens in Abbildung 3.4 wird in Abhängigkeit der Lenkradeingabe eine Gierbewegung und damit die Fahrtrichtung entlang der Fahrbahn vorgegeben. Abweichungen der vor-gegebenen Fahrtrichtung durch Unebenheiten werden durch das System gere-gelt, sodass die Antwort des Fahrzeugs auf eine Lenkradeingabe stets identisch ist und damit dem Fahrer als vorhersehbar und richtungsstabil erscheint.

Variante D mit aktiver Wankstabilisierung und TV-Regelung verfolgt das Ziel der Minimierung beider Bewegungsgrößen. Verglichen zur Variante C können die Wankbeschleunigungen auf $\ddot{\varphi}_{rms}$ = 0,047 rad/s² verringert werden, je-doch erhöhen sich im Gegenzug die Gierbeschleunigungen geringfügig auf $\ddot{\psi}_{rms}$ = 0,028 rad/s². Das Gierverhalten wird dennoch als richtungsstabil er-achtet.

Das Ergebnis der Subjektivbewertungen deckt sich mit den Auswertungen in Abbildung 4.9. Wankreaktionen, wie sie auf unebenen Fahrbahnen stattfinden, werden im Vergleich zu Gierreaktionen vom Fahrer vorzugsweise toleriert. Sobald Gierbewegungen wahrnehmbar sind, werden diese vom Fahrer eher abgewertet bzw. eine Minimierung befürwortet.

5 Schlussfolgerung und Ausblick

Die vorliegende Arbeit befasst sich mit der Untersuchung fahrbahninduzierter Gier- und Wankbewegungen im virtuellen Fahrversuch. Die virtuellen Fahrversuche wurden im Stuttgarter Fahrsimulator durchgeführt. Um ein möglichst realistisches Fahrgefühl zu erzeugen, wurde auf eine entsprechende Modellierung des Fahrzeugmodells, der Fahrdynamikassistenzsysteme und der Fahrbahnoberfläche Wert gelegt.

Für die Abbildung einer exakten Fahrzeugdynamik wurde ein validiertes CarMaker Modell als Basisfahrzeug verwendet. Zusätzlich wurden Konzepte einer Torque-Vectoring Regelung und einer aktiven Wankstabilisierung entworfen und in die bestehende Fahrzeugumgebung eingebunden.

Neben der Modellierung der Fahrbahnoberfläche durch Synthetisierung der spektralen Leistungsdichte erfolgte die Erzeugung der fahrbahninduzierten Aufbaubewegung durch die Eingabe virtueller Kräfte und Momente im Schwerpunkt des Fahrzeugmodells. Die Methode zur Anregungserzeugung durch virtuelle Kräfte und Momente stellte eine geeignete Methode dar, die fahrbahninduzierte Aufbaubewegung im Fahrsimulator abzubilden. Durch die gezielte Variation der virtuellen Anregung ließen sich Gier- und Wankreaktion des Fahrzeugaufbaus wirksam bewerten. Insgesamt erzeugten die fahrbahninduzierten Anregungsmethoden einen realistischen Fahreindruck im Simulator.

Die Untersuchungsergebnisse zur menschlichen Wahrnehmung ergaben lineare Funktionen der Wahrnehmungsschwellen. In Abhängigkeit der Intensität einer permanenten Straßenanregung sank dabei die Wahrnehmbarkeit der Gier- und Wankbeschleunigung. Mit zunehmender Intensität der permanenten Straßenanregung zeigte sich jedoch, dass Gierbeschleunigungen besser wahrgenommen werden konnten. Für die Wahrnehmungsschwelle der Gierbeschleunigung in Abhängigkeit der stochastischen Straßenanregung ergab sich die Geradengleichung $y_{\ddot{\psi}} = 0{,}27 \cdot a_{z,rms} + 0{,}12$. Die Wahrnehmungsschwelle der Wankbeschleunigung ließ sich durch die Geradengleichung $y_{\ddot{\varphi}} = 1{,}10 \cdot a_{z,rms} + 0{,}08$ darstellen.

Bei der Bewertung gekoppelter Gier- und Wankbeschleunigungen im Fahrsimulator konnte festgestellt werden, dass der Fahrer Reaktionen mit höheren

© Springer Fachmedien Wiesbaden GmbH, ein Teil von Springer Nature 2020
M.-T. Nguyen, *Subjektive Wahrnehmung und Bewertung fahrbahninduzierter Gier- und Wankbewegungen im virtuellen Fahrversuch*, Wissenschaftliche Reihe Fahrzeugtechnik Universität Stuttgart, https://doi.org/10.1007/978-3-658-30221-4_5

Wankbeschleunigungen eher toleriert. Gierbeschleunigungen wurden vom Fahrer abgewertet und für störend empfunden.

Durch die Anwendung der aktiven Fahrdynamikregelsysteme konnte eine Optimierung der gekoppelten Gier- und Wankreaktion durchgeführt werden. Ausgehend vom Basisfahrzeug zeigte sich dabei, dass Reglerkonfigurationen, die eine Minimierung der Gierbeschleunigung herbeiführten, vom Fahrer besser bewertet wurden. Eine zusätzliche Minimierung der Wankbeschleunigung durch die Kombination beider Systeme ermöglichte eine Aufbaureaktion, die vom Fahrer am besten bewertet wurde.

Auf Basis der entwickelten Simulationsumgebung können Untersuchungen im Fahrsimulator durchgeführt werden, die eine weiterführende Objektivierung der gekoppelten Gier- und Wankbewegung anstreben. Denkbar sind hierbei weiterführende Variationen der Beschleunigungsanregungen. Neben der Variation des Amplitudenverhältnisses und der Phasenverschiebung kann ausblickend die Untersuchung der Frequenzbereiche wertvolle Kenntnisse über die subjektive Wahrnehmung und Bewertung des Fahrers erzielen. Zudem können weitere Fahrzeugbewegungen in Betracht gezogen und mit der entwickelten Simulationsumgebung untersucht werden.

In Zeiten der Automatisierung wird der Fahrer zunehmend von seiner ursprünglichen Fahraufgabe entbunden. Mit steigendem Level des automatisierten Fahrens verliert er die klassische Rolle des Fahrers im geschlossenen Regelkreis und nimmt allmählich die des Mitfahrers ein. Nicht selten ist er mit einer anderweitigen Tätigkeit beschäftigt. Der Straßenverkehr wird dabei bedingt verfolgt. Mit veränderter Aufmerksamkeit während einer autonomen Fahrt ändert sich auch die Wahrnehmung des Fahrers hinsichtlich der Bewegungen des Fahrzeugaufbaus und der Fahrzeugreaktion auf Fahrbahn- und Verkehrseinflüsse. Mit der subjektiven Wahrnehmung und Bewertung im Fahrsimulator können solche Themen geeignet untersucht werden.

Literaturverzeichnis

[1] C. Schimmel, „Entwicklung eines fahrerbasierten Werkzeugs zur Objektivierung subjektiver Fahreindrücke," Technisches Universität München, München, 2010.

[2] M. Wentink, „Development of the Motion Perception Toolbox," Keystone, Colorado, 2006.

[3] H. J. Wolf, „Ergonomische Untersuchung des Lenkgefühls an Personenkraftwagen," Technisches Universität München, München, 2008.

[4] L. Eckstein, „Entwicklung und Überprüfung eines Bedienkonzepts und Algorithmen zum Fahrern eines Kraftfahrzeugs mit aktivem Sidestick," *VDI-Fortschritts-Berichte,* Nr. Reihe 12, Nr. 471, 2001.

[5] M. Schweigert, „Fahrerblickverhalten und Nebenaufgabe," Technische Universität München, München, 2003.

[6] W. Krantz, J. Pitz, D. Stoll und M.-T. Nguyen, „Simulation des Fahrens unter instationärem Seitenwind," *ATZ,* pp. 64-68, 2 2014.

[7] C. Fernandez und J. Goldberg, „Physiology of peripheral neurons innervating otolith organs of the squirrel monkey. i. response to static tilts and to long-duration centrifugal force," Journal of Neurophysiology, 1976.

[8] A. Wilden, Analyse und Modellierung vestibulärer Information in den tiefen Kleinhirnkernen, München, 2002.

[9] M. Fischer, „Motion-Cueing-Algorithmen für eine realitätsnahe Bewegungssimulation," Technischen Universität Carolo-Wilhelmina zu Braunschweig, Braunschweig, 2009.

[10] H. van der Steen, „Self-Motion Perception," Delft University of Technology, Delft, 1998.

© Springer Fachmedien Wiesbaden GmbH, ein Teil von Springer Nature 2020
M.-T. Nguyen, *Subjektive Wahrnehmung und Bewertung fahrbahninduzierter Gier- und Wankbewegungen im virtuellen Fahrversuch*, Wissenschaftliche Reihe Fahrzeugtechnik Universität Stuttgart, https://doi.org/10.1007/978-3-658-30221-4

[11] R. Kennedy und J. Fowlkes, „Simulator Sickness is Polygenic and Poly-symptomatic: Implications for Research," The International Journal of Aviation Psychology, 1992.

[12] S. Hoffmann und S. Buld, „Darstellung und Evaluation eines Trainings zum Fahren," VDI-Berichte, Würzburg, 2006.

[13] M. Stein, Simulatorkrankheit bei der Nutzung von Flugsimulatoren in der Luftwaffe, Bd. 6, R. Pieper und K. Lang, Hrsg., Sicherheits-wissenschaftliches Kolloquium, 2010.

[14] R. Hosman und J. van der Vaart, „Vestibular models and thresholds of motion perception. Results of Tests in a Flight Simulator," Delft, 1978.

[15] B. Heißing, D. Kudritzki, R. Schindelmaister und G. Mauter, „Mensch-gerechte Auslegung des dynamischen Verhaltens von Pkw," in *Ergonomie und Verkehrssicherheit. Beiträge der Herbstkonferenz der Gesellschaft für Arbeitswissenschaft*, H. Bubb, Hrsg., München, Herbert Utz Verlag, 2000, pp. 1-31.

[16] L. D. Reid und M. A. Nahon, „Flight Simulation Motion-Base Drive Algorithms: Part 1 - Developing and Testing the Equations," Toronto, 1985.

[17] G. Reymond und A. Kemeny, „Motion Cueing in the Renault Driving Simulator," in *Vehicle System Dynamics*, Bd. 34, 2000, p. S. 249–259.

[18] Y. Muragishi, K. Fukui und E. Ono, „Development of a Human Sensitivity Evaluation System for Vehicle Dynamics," *AutoTechnology*, pp. 56-58, 6 2007.

[19] P. Knauer, „Objektivierung des Schwingungskomfort bei instationärer Fahrbahnanregung," Technische Universität München, München, 2010.

[20] I. Albers, „Vertikaldynamik," in *Fahrwerkhandbuch*, Bd. 1, B. Heißing und M. Ersoy, Hrsg., Wiesbanden, Vieweg & Sohn Verlag, 2007, pp. 70-73.

[21] H. Stingl, „Fahrwerkentwicklung," in *Fahrwerkhandbuch*, Wiesbaden, Vieweg & Sohn Verlag, 2007, pp. 449-454.

[22] S. Botev, Digitale Gesamtfahrzeugabstimmung für Ride und Handling, Technische Universität Berlin: Dissertation, 2008.

[23] M.-T. Nguyen, J. Pitz, W. Krantz, J. Neubeck und J. Wiedemann, „Subjektive Wahrnehmung und Bewertung im virtuellen Fahrversuch," in *17. Internationales Stuttgarter Symposium*, Stuttgart, 2017.

[24] M. Heiderich, F. T. und M.-T. Nguyen, „New approach for improvement of the vehicle performance by using a simulation-based optimization and evaluation method," in *7th International Munich Chassis Symposium 2016*, München, 2016.

[25] A. Fridrich, M.-T. Nguyen, A. Janeba, W. Krantz, J. Neubeck und J. Wiedemann, „Subjective testing of a torque vectoring approach based on driving characteristics in the driving simulator," in *8th International Munich Chassis Symposium 2017*, München, 2017.

[26] D. I. 8855, „Straßenfahrzeuge - Fahrzeugdynamik und Fahrverhalten - Begriffe (ISO 8855:2011)," Beuth Verlag GmbH, Berlin, 2013.

[27] A. Stretz, „Komfortrelevante Wechselwirkung von Fahrzeugschwingungsdämpfern und den elastischen Dämpferlagern," Universität Darmstadt, Darmstadt, 2011.

[28] D. A. Crolla und D. C., „The Impact of Hybrid and Electric Powertrains on Vehicle Dynamics, Control Systems and Energy Regeneration," Vehicle System Dynamics International Journal of Vehicle Mechanics and Mobility, 2012.

[29] M. Ersoy, „Fahrwerkauslegung," in *Fahrwerkhandbuch*, Wiesbaden, Vieweg & Sohn Verlag, 2007, pp. 15-34.

[30] A. Wenzelis, M. Lienkamp und R. Schwarz, „Beitrag zur Objektivierung der Wankdynamik eines Fahrzeugs mit aktiven Fahrwerkssystemen," in *15. Int. VDI-Tagung Reifen - Fahrwerk - Fahrbahn*, Hannover, 2015.

[31] H. B. Pacejka und E. Bakker, „The Magic Formula Tyre Model," Ve-hicle Systems Dynamics, 1992.

[32] P. Pfeffer und H. M., „Fahrdynamische Grundlagen," in *Lenkungs-handbuch*, Wiesbaden, Springer Vieweg, 2013, pp. 77-100.

[33] W. Krantz, „An Advanced Approach for Predicting and Assessing the Driver's Response to Natural Crosswind," Universität Stuttgart, Stutt-gart, 2011.

[34] C. Elbers, „Querdynamik," in *Fahrwerkhandbuch*, Bd. 1, B. Heißing und M. Ersoy, Hrsg., Wiesbaden, Vieweg & Sohn Verlag, 2007, pp. 86-114.

[35] T. Koch, A. Schlecht und T. Smetana, „Electromechanical Roll Stabi-lisation – A System for Attaining a Spread between Driving Dynamics and Ride Comfort Based on a 48-Volt Energy Supply System," in *25th AAchen Colloquium Automobile and Engine Technology*, Aachen, 2016.

[36] H. Unbehauen und F. Ley, Das Ingenieurwissen: Regelungs- und Steuerungstechnik, Springer, 2014.

[37] R. T. Marler und J. S. Arora, „Function-transformation methods for multiobjective optimization," Taylor & Francis, Engineering Optimi-zation Vol. 37, No. 6, Iowa, 2005.

[38] P. Stein, M. Pavetic und M. Noack, „Multivariate Analyseverfahren," Universität Duisburg Essen, Duisburg, 2018.

[39] T. Schäfer, *Multivariate Analyseverfahren - Varianzanalyse,* Chemnitz, TU, 2010.

[40] K. Siebetz, D. van Bebber und T. Hochkirchen, Statistische Versuchs-planung - Design of Experiments (DoE), Berlin: Springer-Verlag Berlin Heidelberg, 2010.

Anhang

A1. Fragebogen zu den Wahrnehmungsschwellen der Gier- und Wankbewegung

Wahrnehmungsschwellen – Kopplung Gieren/Wanken

Datum/Zeit:

Probanden-Nr.:1

Vor-/Nachbefragung

A.1. Erfahrungen im Simulator

häufig	regelmäßig	selten	einmal	keine
○	X	○	○	○

A.2. Wie wach fühlen Sie sich?

hellwach	wach	mittelmäßig	müde	sehr müde
○	X	○	○	○

A.3. Traten während der Simulatorfahrt Erscheinungen der Übelkeit auf?

ja	nein
○	X

A.4. Bewerten Sie Arbeitsaufwand/Belastung während der Simulatorfahrt:

sehr gering	gering	adäquat	hoch	sehr hoch
○	○	○	X	○

© Springer Fachmedien Wiesbaden GmbH, ein Teil von Springer Nature 2020
M.-T. Nguyen, *Subjektive Wahrnehmung und Bewertung fahrbahninduzierter Gier- und Wankbewegungen im virtuellen Fahrversuch*, Wissenschaftliche Reihe Fahrzeugtechnik Universität Stuttgart, https://doi.org/10.1007/978-3-658-30221-4

Wahrnehmungsschwellen

B.1. Bewerten Sie die Impulse bezgl. Ihrer Realitätsnähe?

Anregung	sehr realistisch	realistisch	annähernd realistisch	unrealistisch
roll	o	X	o	o
yaw	o	o	X	o

B.2. Bewerten Sie die Differenzierbarkeit der Impulse zur Straßenanregung:

Anregung	deutlich differenzier-bar	mäßig differenzier-bar	schwierig differenzier-bar	kaum differenzier-bar
roll	o	X	o	o
yaw	o	o	X	o

A2. Fragebogen zur Bewertung der Gier- und Wankbewegung durch virtuelle Anregung

Subjective Evaluation - Virtual Excitation

Fragen \ Manöver	1. Variationmethode "Amplitude"	2. Variationmethode "Phase"				
Name Datum/Zeit Versuchsdauer						
Genereller Eindruck der Gier- und Wankbewegung Charakteristik d. Bewegung realistisch? Bewegung erwartungsgemäß?						
Differenzierbarkeit der Impulse Impulsvariationen differenzierbar? Variationsmethode spürbar?						
Subjektive Bewertung der Impulse Schlechte Impulse? Warum? Gute Impulse? Warum?						
Einfluss der Variationsmethode Was bewirkt die Variation subjektiv? Gibt es eine stärkere/schwächere Variationsmethode?						
Kommentare:						

Printed in the United States
by Bookmasters

Printed in the United States
By Bookmasters